写给万千年轻人的自我能力进阶书

意林 成长励志书 Raise You Up

当世界很残酷，我希望你更酷

韩大爷的杂货铺 著

吉林摄影出版社
·长春·

成长励志书

图书在版编目（CIP）数据

当世界很残酷，我希望你更酷 / 韩大爷的杂货铺著. -- 长春：吉林摄影出版社，2019.6
（意林成长励志书）
ISBN 978-7-5498-4094-6

Ⅰ.①当… Ⅱ.①韩… Ⅲ.①成功心理－青年读物
Ⅳ.①B848.4-49

中国版本图书馆CIP数据核字(2019)第089607号

当世界很残酷，我希望你更酷
DANG SHIJIE HEN CANKU，WO XIWANG NI GENG KU

著　　者	韩大爷的杂货铺	印　　张	8
出 版 人	孙洪军	版　　次	2019年6月第1版
主　　编	杜普洲	印　　次	2019年6月第1次印刷
责任编辑	王维夏	出	吉林摄影出版社
总 策 划	徐晶	发　　行	吉林摄影出版社
特约策划	刘梦茹	地　　址	长春市净月高新技术产业开发区福祉大路龙腾国际大厦A座17楼邮编：130117
设计总监	资源		
特约编辑	刘梦茹		
封面设计	资源	电　　话	总编办 0431-81629821发行科 0431-81629829
美术编辑	郭宁 李雪菲		
封面供图	马豆子	网　　址	www.jlsycbs.net
发行总监	王俊杰	经　　销	全国各地新华书店
开　　本	889mm×1194mm 1/32	印　　刷	河北盛世彩捷印刷有限公司
字　　数	170千字		
书　　号	ISBN 978-7-5498-4094-6	定　　价	36.00元

版权所有　翻印必究
（如发现印装质量问题，请与承印厂联系退换）

自 序
001 | 我们穷尽一生,追求的都是心性成长

Chapter 1
励志篇

004 | 这三条建议,给你最根本的勤奋动力
010 | 以全新的思维来分析,坚持的意义
016 | 你的半途而废,是由于这三条原理
023 | 一句话,足以熬垮你的行动力
027 | 这五条建议,帮你做好时间管理
033 | 你迷茫焦虑,是因为缺乏方向性
038 | 你不需要担心环境的问题,你需要担心的是你自己
044 | 在这个心照不宣的世界里,我希望你好好做一名"卧底"

Chapter 2
成长篇

052 | 如何做好那些重要但不紧急的事情

058 | 如何有效提升自控力

064 | 如果困难吓到你,记得站到它面前去

070 | 比调节心态更有效的,是直面问题

076 | 是什么让我们的生活闪闪发亮

083 | 当所有人都在努力,希望你同时学会借力

089 | 预支未来原理

094 | 如果前路未必明亮绚烂,愿你起码能够走得安心

Chapter 3
思维篇

102 | 摆脱观念的束缚,才能走向更加开阔的天地

107 | 你不必解决掉所有问题

113 | 手机给你挖下的四个认知陷阱

118 | 重要的不是前提,而是你在前提下做了什么

123 | 佛系遍地,人生还有什么意义

130 | 一个可能会对你产生深远影响的执念

135 | 克服懒惰——一个你没听过的规律

140 | 这可能是很多人不幸福的原因

Chapter 4
视野篇

148 | 走出深渊的第一步，是凝望你的心魔

154 | 最怕你能做的太少，想做的太多

159 | 努力是副产品

166 | 这个概念，可能会改变你的生活

172 | 人活一辈子，只有四件事

178 | 如何解决"间歇性踌躇满志，持续性混吃等死"

184 | 可怕的是你自己都不知道自己在做什么

190 | 成功不简单，优秀却并不难

Chapter 5
哲思篇

198 | 除了横刀立马，你还可以给这世界放一场烟花

204 | 迷茫的时候该做点儿什么

209 | 人生无法精算

215 | 别让假性情绪干扰到你

222 | 愿你输在起点，赢在终局

228 | 越是不确定，越要沉住气

234 | 愿你撩拨得起热闹，也安放得下清净

239 | 纵使孤灯挑尽，切莫放纵自弃

自序

我们穷尽一生，追求的都是心性成长

文 / 韩大爷的杂货铺

1

我问过很多朋友一个同样的问题：假如时间能倒流，你愿意回到高考前，再来一次吗？

当然，这个问题很老套了，所以朋友们的回答也显得更有"经验"。

他们往往会反问过来：能保留现在的脑子吗？如果是带着现在的脑子回到过去，当然愿意啊；如果只是单纯退回到原来，连记忆都不带着，就算了吧，那样估计重来多少遍都不会有什么变化。

刚开始我听到这种回答，只会觉得朋友们考虑得还蛮周到。可当我听到很多次同样的回答，就发现了一点儿蹊跷：为什么大家都想带着现在的"脑子"回到过去呢？

确实，这样可以让你"未卜先知"，可以有很多方面的优势，但对于高考来说，好像没什么大用处吧。

毕竟连我的朋友们自己也承认：高中时学的很多书本知识，都已经忘得差不多了，而且感觉自己目前的智商，也没有比高三时提高多少。

那带着如今的头脑，还有什么意义呢？如果连智商和应试知识的储备都没发生大的变化，还能有什么可以保证，带着现在的大脑回到高中，成绩就会提高一些呢？

难道说，除了天赋、努力、基础等常规元素外，还有什么因素，可以很大程度地影响备考效果吗？

如果有，它又是什么呢？

2

当我把这个脑洞题问向我自己，并要求自己"坦诚交代"时，答案便水落石出了。

如果要我选，我也会选择保留当前的记忆，带着现在的脑子回到过去。

是的，现在的我没有比当初更聪明，我的解题技巧甚至需要我重新学过，岁月也已经无情地蚕食掉了我的一部分记忆能力。但我仍然选择用现在的脑子，且有底气能比原来做得更好。

这并不是夸口,我对自己的评价向来较低,但这件事,我很有自信。因为我发现了"现在的我"与"原来的我"相比,有一个最大的不同,不同在哪里呢?

两个字:心性。

心性是什么?只说概念会比较抽象,也着实难形容。

想象一下:如果你突然被关进一个漆黑的房间里,这个房间里有什么,你不知道;要你做什么,你不清楚;接下来要如何,更没人跟你说。在这种情况下,你会慌乱、无措、恐惧、茫然,甚至是疯狂。

但如果此时,有人帮你把灯点亮,让你看清一切。这种情况下,想逃离这间屋子可能仍会面临些障碍,仍然需要你付出些努力,但你的状态肯定会不一样。相比于之前,你会更加沉稳、专注、释然、游刃有余,眼睛更发亮,心里更有底。

这盏灯,就相当于"心性"。"心性"不代表努力,但它有可能让你"真的想努力"。"心性"不等同于智力,但它能让你将智力全部聚焦在最重要的问题上。

当人们谈论起成功经验时,总会提及勤奋、天赋和运气,这些诚然是取得佳绩的原因,但心性,是原因背后的原因。

这就像是叫一个孩子登台做演讲。他上台之前很紧张,你厉声警告:如果发挥失常,晚饭就没得吃。那他上台后有可能做到不紧张。

换个方式,你教他乐观看待事物,积极向上。那他上台后也有可能不紧张。

再换种方法,你传授给他一些技巧或方法,比如劝他把底下的人都当成大白菜,他同样有可能不紧张。

但如果在这之前,你能通过各种各样的方式,让他看到这个世界的多元,人的共性与多样,让他明白我们都是面临一些共通矛盾的生命个体,短暂存活于这个既渺小又值得敬畏的物质与精神土壤之上。那么他上台后,一定能做到不紧张。

你看,同样是达成了"不紧张"的表象,内里却是完全不同的。前几种只能在技法层面去"克服"紧张,最后一种,却是在心性层面"化解"了紧张。

这种区别带来的影响可称深远,毕竟前者只会兵来将挡,而后者,却获得了心性的彻底成长。

如果将两个"派别"的人放在同一片战场,心性的胜利相当于降维打击,两者的差距也早已超出了战术的范围,从根本战略上就已经彰显出不一样。

所以我们有时看到一些优秀极了的人,突然觉得用什么词汇来概括都不太恰当。说他有毅力?够努力?很细心?心理素质强?天赋异禀?总感觉差点儿什么,或者说,总觉得没触及根本。

后来我在一本武侠小说里找到了这个词:心性过人。这四个字,可比什么绝世武功都强。

4

大约在三年前,我开始在网络上陆续发布些文字。

日积月累地,积攒起一点儿微薄的名气。很多来瞧热闹的读者朋友,偶尔也会问我:您写的属于哪类文章?像干货又不是干货,像鸡汤又不是鸡汤,说是传统文学呢,还有点儿社科类材料的味道,有点儿"四不像"。

其实,归到哪一类都是对我的抬举,也同样是种误会。

如今我可以更加合适地概括来讲:我写的东西,都是穷尽各种手段,企图在某方面帮助读者的文章。哪方面呢?那正是心性的成长。

我每天都会受到人类先贤们思想精华的影响,每天也都会收到很多读者朋友诉说烦恼的来信,如果说我作为一名作者,做了点儿什么事情,那么也无非是搭建起一座桥梁,或者说,传下去一根接力棒。

我希望这种传播活动能够给大家带来一些帮助,且这种帮助不是从治标出发,而是以治本为目的的。

也正如你手里捧着这本书的名字——"当世界很残酷,我希望你更酷"一样。

5

我常喜欢这么打比方:海岸边有一些垃圾,也有一些贝壳。人们看到垃圾会恼火,看到贝壳会快乐。我写点儿东西给大家看,不是为了让大伙只看见贝壳,而忽略垃圾。更没想过大家用这本书折成铲子,把垃圾给收了。

我只是让大海里翻跃出一群美丽的海豚,然后提醒大家:喂,快看天上!

而这本书能顺利出版,要真诚地感谢出版方,及其工作人员的耐心工作。他们相当于发给了我一个扩音器,让那句呼喊更加悠远,响亮。

当你听到了这个声音,就继续听下去吧,让这个声音,成为助力你心性成长的背景乐章。

当你发现未来远没有那么遥远，
你踏实努力，
它竟然会在你身后追着你，
那时，相信你也会有这样的感悟：
越是不确定，
越要沉住气，
因为在那段黑暗无光的岁月里，
恰是你野蛮生长的蓄势期。
这世界上最有力的一句话不是

"我赢了，我最无敌"！

而是

"我不怕，咱们继续"。

LIZHI PIAN

用一生的态度去对待一生,
用一辈子的眼光去衡量一辈子,
在这一生和一辈子里,
与其对周遭反应过敏,步步患得患失,如履薄冰;
莫不如把自己打造成一个靠谱的人,
持续输出你的价值,持续做对的事情,
任它风云多变幻,我自有数亦有底。

Chapter 1
励志篇

这三条建议，给你最根本的勤奋动力

相信阅读这本书的你，在生活中都遇到过几个形式不同本质却差不多的无解问题，比如："我高三了，各科都拖后腿，拆了东墙补西墙，眼看着高考临近，却提不起劲头。""我大三了，正在提前备战考研，一大堆书在那里摞着，想看，但就是看不进去。""我三十三了，而立之年一过，更能体会到肩上担子的分量，也明白要努力一点儿，但……我努力不起来。"

如果有心直口快的朋友看了这几句话，可能会脱口而出：都是借口，压根就是懒，什么想努力却努力不起来，分明就是欲望不够强烈嘛，拿把刀逼着看你有没有动力！

刚开始我也不免这么想，这通抨击是有道理，但不解决问题啊，光这么抬杠、争论也没意思，更没意义。

其实细想想，咱们人都这样，没有谁真正说"我就是天生爱吃苦""我时时刻刻都充满正能量"的，那不现实，反倒有可能是精神上出了问题。谁不想歇着啊？谁都有这种"想努力却又努力不起来"的时候，心里干着急，但就是什么招也没有。

面对这种状况，我这里有几个方法，不敢保证说像江湖术士的万能药水一样包治百病，但你不妨一试，若是你掌握后有一点儿精进与改善，也算是好事一桩。

提醒自己：此时是我与"平庸人"拉开差距的临界点

我上文中提到过一句"其实细想想，咱们人都一样"，这句话太有用了，它的存在，不知给了我们多少脱颖而出的机会与动力。

什么算平凡呢？就是保持和身边的人一样呗，一样懒惰，一样天生喜欢歇着，一样靠感性主导理性，用本能和欲望驱使自己去生活，这样的活法最省力了，但你跟别人没有什么不同，他们迈一步，你也迈一步，他们时速二十迈，你也如此。超越？是谈不上的。

那什么算不凡呢？不凡即为"变态"，需要我们脱离普通人的常态，需要砍掉一些"人之常情"中拖后腿的部分。我们看到的很多"成功人士"，其实都是"变态"产生的后果，你去看他们的作息时间表，去看他们面对心里的小黑人时的做法，个顶个都挺"没人性"的。

差距就在这里。当你在做任何需要你继续前行但你死活就是没动力的事情时，不要先贬损自己：完了，我废了，我要被淘汰了。越这样，你压力越大。

你不妨换个角度去想：机会来了，我消沉，旁人也会不可避免地消沉，只要我稍一振作，立马就会甩开一批普通人，我的机会来了！

时刻记住，所有你面临的问题，基本上是大家都会面对的问题，所以，你面对的不仅仅是一个问题，更是一次次机遇，趁此良机，请你乘胜追击。

这样一想,压力就成了动力,没有谁天生就具备无限的意志力,能坚持下去的秘籍不是"后边有鞭子在赶着你",而是"前面有块肉在等着你"。

想象一下,把你的这堆烂摊子交给你钦佩的人,他会怎么做

有时候人想努力却努力不起来,很大一个原因是陷在"自我挫败式"对话中拔不出来。

假如说,我最近诸事不顺,跟家人吵架,与朋友闹掰,吃糖饼都烫嘴,喝凉水都塞牙。这时候,我会在焦躁的情绪下认定眼前是一大堆"烂摊子",我会在一天中的某个时候突然觉得自己哪哪都不行,绝望得想死,更甭谈努力了,因为窟窿太多,我弥补不过来。

在心里把自己数落得一文不值,可以说是把自己逼到了绝境,不妨让思维再往前走一步,想一想"如果我真的挂掉了,换成另一个我很佩服的人来全盘接管我的人生,他会怎么打理呢?"用心仔细地想象他的做法,学着做,你也许就可以绝境逢生。

读大学时,我有一阶段过得真是浑浑噩噩,没有方向没有希望,感觉周围的一切都是乱糟糟的。

当时我特别钦佩我们班的班长,他是那么优秀,那么全面,所有事情都打理得井井有条,对一切都保持着耐心与兴趣,总之就是好得不得了。

有一天我就躺在床上想:唉,好想跟这个人互换人生啊,想

去过他的日子。突然我很好奇：如果他来过我的生活，他会怎么做呢？啊！他肯定不会像我这样躺在床上，他会先走下床铺，一点点收拾好我昨晚的酒瓶，把垃圾倒掉，把我的桌面整理好，然后打开电脑，清理下最紧急的任务，拉个时间表，一件一件地把事情挨个做好……

于是，神奇的一幕出现了：我坐了起来，走下床铺，一点点收拾好我昨晚的酒瓶，把垃圾倒掉，把我的桌面整理好，然后打开电脑，清理下最紧急的任务，拉个时间表，一件一件地把事情挨个做好……

当你觉得你的生活正在一点点溃烂掉，想要把手里的这一大堆臭牌扔了，说"这局不算，重来"的时候，不妨想想牌技一流的赌侠会如何处理你手中的臭牌，然后照猫画虎，耐心冷静地给自己配个主角光环，把坏牌打好。

适当开启"消极"的力量，转逆势为顺势

最后的一招，是在前面两招统统不管用的情况下，我建议你尝试的方法。多少有点儿"以毒攻毒"的意思，但别上来就用，容易提前出局。

我们都说正能量是好的，负能量是坏的，但正负相互转化，有时候悲观的力量也能产生奇效。

如果我以下的言辞挑战了某些观念与常识，先别急着否定，黑猫白猫，能逮住耗子才算好猫。

很多人问我，你的人生信条或座右铭是什么？我的座右铭有两句，一正一反，今天把反的那个说给你：唉，这辈子就这样了，混吧。

没错，就是这么一句消极到爆的话，是在我读的某本小说里，男八号的一句随口一说的台词。

这句话真的帮了我不少忙啊，你很难想象，每当我走投无路，觉得压力大到不行的时候，反倒是这句"这辈子就这样了，混吧"让我通体舒畅，吹着口哨继续走下去。

背后的原理是什么呢？我们许多年轻人，尤其是中国的孩子，从小承载的来自各方面的期望与能量都太高太多了，过犹不及，就像是一把刀至钢至硬的时候，反倒容易被摧毁，一个人，身体里如果全是"期望""鸡血""正能量"，那么这个人但凡遇到点儿挫折就会崩溃，因为他没韧度，更受不了那个心理落差啊！

我们都觉得过年"累人"，道理也是如此，重大节日人人都觉得我"应该"开心，"应该"热闹，于是人人都是高八度的嗓门，情绪架空得特别高也下不来，搞得跟传销员工似的，能不累吗？

过日子也是一样，不妨在压力很大的时候跟自己说：也罢，我这人天资有限，也心知肚明自己的天花板在哪儿，估计这辈子也取得不了多大的成功，不想那些了，能做一点儿算一点儿，慢慢混吧。

这颗毒丸吞下，其实反倒是痊愈的可能性更大，因为它把你内心里过剩的能量给消解了，轻装上阵，自然健步如飞。

一年前，我的生活便是漏洞百出，满目疮痍，当时也面临过

"真的很想努力很想成功，但就是努力不起来啊"的窘境。

当时我生怕自己选错了道，就此废掉，后来一琢磨：我这辈子也就这点儿出息了嘛，那就由他去吧，混吧，抱着这种轻松的心态，我吃得更开了，反倒更勤快了，那些曾劝我不要"混迹"一生，要积极向上的长辈们却不知道，"向上"没能让我真的向上，反倒是"混"得很好。

以上，是个人总结的一些面临"想努力却努力不起来"时的方法，有些想法很怪异，也不知道我说清楚没有，不必学习，我只是给你提供一点儿参考。

以全新的思维来分析，坚持的意义

1

有一对兄弟，去丛林里散步。走着走着，半路杀出一只猛虎。哥哥见状，拔腿就跑。弟弟愣了两秒，也立马跑去追哥哥。

好不容易追上了，弟弟高喊："别跑了，你是傻吗？它是老虎，我们是人，咱俩怎么跑也跑不过它的！"

哥哥头也不回地一边加速奔跑一边回答道："你才是傻瓜，我不需要跑得比老虎快，我跑得比你快就行了。"

很多时候，你不需要把自己打造得无懈可击，你甚至不用具备多强的能力去打倒问题。

只要你比你的竞争对手多坚持那么一分钟，多进步那么一点点，多优秀那么一毫米，就够用，就可以。

2

马克科姆在2009年1月提出了风靡全球的"一万小时定律"。他在《异类》一书中指出：人们眼中的天才之所以卓越非凡，并非天资超人一等，而是付出了持续不断的努力。一万个小时的锤炼是任何人从平凡变成世界大师的必要条件。

要成为某个领域的专家，需要1万个小时，按比例计算就是，如果每天投入八个小时，一周投入五天，那么成为一个领域的专家，至少需要五年。这一说法无疑很振奋人心，因为它足够精确，足够具体。

一个朋友跟我开玩笑说，这条定律这么火，又有这么多人知道了，那未来得出多少专家和牛人啊。毕竟谁还拿不出个五年的时间啊，太容易了！

我说这条定律说了跟没说，效果几乎一样。

朋友问为什么。

我首先说："马克科姆提出的这条定律，说的是必要不充分条件，并不是说随便投入一万个小时就一定会牛得不行不行的。"

朋友反驳道："这很正常，谁也不傻，大家都知道这一万个小时需要'刻意练习'，需要集中精神嘛，但我相信，哪怕是一个傻子，能坚持下来，不说变成世界级专家，起码也会在某个领域成为一个很优秀的人。"

我说问题恰好就出在这儿。

坏就坏在大伙都不傻，我们大家都太过于"聪明"了，你信不信，哪怕这条"一万小时定律"被联合国认定为是真的，是特别靠谱的，也总会有人反复推敲，进而琢磨出它的漏洞，最后想方设法地放弃努力。

果不其然。不久后，有人说，哎呀，这个定律不是人人都适用的，不行了不行了，我不能坚持了。再过一阵子，又有"聪明人"反应过来，哎呀，努力这东西嘛，还是要选对方向的，方向不对，做的都是无用功，不行不行，我不坚持了。再过一阵子，甚至有人从哲学的高度对自己说，嗨，人这一生，匆匆数十载，干吗奋斗来奋斗去那么累呢？我又不是活给别人看的，不行不行，我可得歇会儿。

从2009年到2017年，整整九年过去了，按理说会出现很多牛人和专家，但我们的一万小时定律忽略了人最善于给自己找借口的天性，九年，足够改变人的一生了，但真正实践的人，几乎没有。

别说九年，三个月恐怕都鲜少有人坚持下来。过程基本是这样的：

第一个月，大伙踌躇满志，拼了命也要做好自己的事。

第二个月，开始有人会想这事背后是不是另有玄机。

第三个月，很简单，直接就会有人质疑努力的意义。最后，我们集体放弃。

3

读大学时我有一位很没有安全感、很容易焦虑的同学，他参加各种竞争或考试，经常会跟我说他没自信，怕被淘汰，怕实力不济。

我最常答复的是，你最不应该缺的就是自信，我向你保证，只要你踏踏实实，按部就班地把复习流程走一遍，顺利通过的概率几乎是百分百。

为什么？很简单，打酱油的实在是太多了，越是需要投入的时间长,越会有大批量的竞争对手中途投降。

当然,他们投降的方式会很"体面",比如,有的人会三心二意地想想另一条出路,有的人会觉得如果没考上就白付出了,就会开始踩刹车,开始减少付出量,免得最后损失多。这就是我们常说的"未到山头,先死一半"。

所以你选吧,要么选择去做那个打酱油的"聪明人",把大把的时间都放在怎么抄近道,怎么损失小上,最后发现不复习损失最小,还没有失败的风险,最后直接弃考。

要么,就选择去当一当那个一根筋的"傻子",你可能会听到各种聪明人对你的坚持的嘲笑。

不过你有一点优势,就是你傻到从没放弃过,你这样就算复习得一塌糊涂,光是耗,都能耗死一半的竞争对手。

而所有的竞争,都是人与人之间的竞争,很多时候你甚至都不用有多强的实力,只要你稍稍坚持一下,把别人耗死,你自然就被选中。

我也知道你跑得没有老虎快,但那不是问题,宝贝,你跑得比你弟弟快就可以。

4

我们在生活中经常会发现一种很奇怪的现象:那就是有很多优质的资源,最后反倒被一些比较平庸的人拿走了。

而那些看上去竞争力本应更强,相比起来更优秀的候选者,在资源争夺中，却多半战绩不佳，率先阵亡。

有人甚至猜疑：他怎么配呢？可能不是运气好，就是搞了什么诡计罢了。

其实这种事看起来荒谬，实则合情合理。那些所谓的"优秀的人"或多或少都有几个棘手的bug（程序漏洞）：自尊心过强，脸皮有点儿薄，不够主动，备选选项又多。而光脚不怕穿鞋的，看似不是那么优秀的平凡竞争者一个个从不患得患失，他们的心态是我争到手算我赚了，争不到我也没赔进去，我输得起。

于是你就看到，"优秀者"为获取资源投入了六个月，一看没什么效果，立马坚持不住，投奔第二选择。而那些看上去水平一般的人呢，我身边就有，在一个机会上坚持等了六年的，最终过上了想要的生活。

按暂时的得失来看，自然是优秀者更"英明果断"，但从长远来讲，傻傻坚持的一般人，才是真正的人生赢家。

5

郭德纲曾开玩笑地说："我如今混得这么好，跟我自身实力没多大关系，都是同行们衬托的。"这句话虽然多少有点儿狂妄，但不影响我们提炼出一个有用的观点：所有的成功，四分真本领，六分是幻象。

在那六分的幻象中，你也许会猜里面藏着多么大的天机，但戳破后你就会看到，那仅仅是一个人比竞争对手多坚持了一小会儿的模样。

我常常会想：既然大家都知道意志力和坚持是如此珍贵的品质，乃至是决定性的素质，为什么我们还是会常常坚持不住或弃之不顾呢？

这里除了我们天生的惰性以外，还有一个很重要的原因，那就是坚持啊，努力啊，这些字眼，听上去都太笨拙，太累了。

但正如那句话所讲，按大多数人的努力程度来看，丝毫没有到拼天赋的地步。我们也同样可以说，按大多数人的坚持力度来讲，丝毫不需要你比别人累多少，走多远的路。

你只要每天比别人，多迈那么一小步，记住，仅仅是一……小……步。足矣。

你的半途而废，是由于这三条原理

1

小时候全家住在山上。六岁以后考虑到我的上学问题，父母就带着我搬到了山下的村子里。但爷爷奶奶仍选择住在山顶，所以，我和父亲便要三不五时地往山上运一些东西。

记得前几次爬山的时候，我特别吃力，每爬一会儿就在心里抱怨：路怎么这么长啊。

然后抬头看看终点：山顶还在那里，没远也没近。这让我顿感心累，看一次就想到一次放弃。

后来父亲告诫我：爬山的时候要低头，低头就不累了。

我便低头爬山，再不去想已经走了多远，还剩多远的问题。果然不感到累了，往往是爬着爬着，就能听到爷爷家狗叫的声音。

2

外婆家在另一个村子里，与我们村大约有五公里的距离。

每逢周末，母亲便要带我去串门，但每次都要走着去。那条小路被田野包围，我再不能用父亲教我的低头走路法了，容易走进苞米地。

还好母亲也有自己的策略：她总在路上跟我聊天，一个话题接着一个话题；有时候也会在兜里揣一些糖，并和我约定好，走到前面的电线杆那里，就能拿到一颗，如果咬咬牙，一口气能走到那条小河边，就奖励一颗巧克力。

所以长长的路啊，要么是聊着聊着就到了，要么是吃着吃着就到了，不累，还蛮开心。

3

其实回想起来，父母当初可能都没有意识到，他们解决这个问题的时候，运用了什么原理。

后来我渐渐明白，父亲的方法是，大目标和大愿景只在开始时瞄一眼就好，过程中最好忽略。不要总抬头去看、在心里去比，因为目标和愿景本身就比较远，三步两步是达不到的，在这个前提下经常抬头看，注定会让人灰心乏力。

而母亲的宗旨也很简单：在漫长的路上，分割好阶段，每一段可以设置一个主题，或者完成一段便给自己一点儿奖励。这样一来，枯燥冗长的道路因有了主题便有了节奏上的起承转合，变得顿挫有趣；二来，给自己的行动报以即时反馈，让自己切肤地感受到每一步都没白走，同时可视化地呈现出每一步的价值和意义。

而反过来看：经常性地对照总体目标、长时间沉浸在前不着村后不着店的阶段里，以及缺少即时性的反馈，这三条，往往会成为人坚持不住的潜在原因。

还好父母那时没有简单粗暴地用懒惰将我定义,而是巧妙地解决了这个问题。

4

有一次我和母亲走到小河边,她如约从兜里掏出巧克力给我吃。

我看她兜里鼓鼓的,可一路上却不见她吃什么东西,惭愧之余有点儿好奇:"你不需要吃点儿吗?"

她笑着摇头:"妈是大人了,赶路已经不需要吃巧克力。"

我不服:"大人,也是人啊,为啥我必须吃巧克力才能走下来,你什么不吃也能一路走过去?"

母亲说:"你长大了就懂了。"

后来稍大一点儿,家里有了自行车,我便经常骑着它去姥姥家玩。骑车就只能走大路了,大路更远些。

但不知从什么时候开始,我已经不需要跟自己聊天解闷,也不用随身带些吃的,跟自己玩一些分段奖励的游戏。

为什么呢?还是让母亲给说中:长大了呀。

长大了嘛,除了长了体力,更重要的是,长了几分面对路漫漫时的耐心。

长大了嘛,便知道不可能蹬几下就到终点的,走长路,就要用走长路的心气。

长大了，更有了些远见，便不必再给自己即时性的反馈，知道自己脚下的每一次发力，都有不可替代的意义。

于是不管路再远，前后再怎么不见人烟，都能该怎么走就怎么走，不偷懒，也不丧气。

5

我以前常在文章中讲：那些重要但不紧急的事情，特别值得我们重视且努力。

比如，保持好的生活习惯，时常锻炼身体，没事多读读书，培养一个恒定的小爱好，学习一门不可替代性强的技能或开发一项足以傍身、有增长性的能力。

有很多读者都对此表示认可赞许，然而，每隔几天后，就会有读者私信我说："呀，道理我都懂，为啥愣是做不到呢。""重视我是足够重视了，可我就是没毅力。"

其实，做不到很正常，为啥呢？

你看，凡重要但不紧急的事，从本质上讲，都和爬坡赶路具备相似的特征：

（1）有一个遥远且宏大的美好愿景。

（2）过程中缺少起承转合，故事性不强，且在质变前有漫长的"暗仓"期。

（3）缺乏即时性反馈，人即便做出动作，也不会立刻有即时的积极回应。

而相比之下，那些让人走下坡路的事，具备的特质都是反过来的：

（1）恶劣结果埋得深，即便偶尔露面，头上也插着杆白旗：小概率。

（2）过程中精彩纷呈，方便转发到社交平台，花样满足虚荣心。

（3）即时性反馈强且高频，所谓不努力一定很轻松，准确讲不努力是一下子便会有轻松感，点击按钮，便能捕获一大堆八卦话题，动动手指，一套刺激感官的装备就会发给你。

前者是救命药，后者是"垃圾食品"，技术会让两者的即时获得感差距越拉越大，也不怪我们，对前者的好处避之不及，对后者的危害甘之如饴。

6

所以，出现以下的现象，不足为奇：

一个决定从此好好吃早饭的人，吃了三天，第四天头上突然觉得，这少个一顿两顿的，也没啥关系。

一个发愿要提升自己的人，将某本书的前十页翻烂，发现一没人点赞，二书页下怎么没有评论区？于是抓紧恶补下读书无用论，潇洒地来了个后会无期。

一个沉迷游戏的人，每当"正事"来袭，总想打完这一局，即便遇到了喜欢的姑娘，都会本能地问一句："追你的进度条在哪里？"

一个个短视的自己，变得越来越没有耐性，总想做什么事都有应激反应，不光不给子弹飞一会儿的时间，还会抱怨一下："唉，过不好这一生啊，哪怕知道很多道理。"然后用贴纸盖住下一句：知而不行……

7

相信有不少大学生在上了大学后都会有这样的疑问：为啥我高三的时候特别上进，每天都动力满满，一学能学一整年，还觉得时间不够用呢。怎么一到了大学，时间大把的有，要做的事也很多，自己却在一点点堕落，好习惯坚持不下来，坏习惯养了一大堆，越来越接近当初讨厌的自己？

其实原因很简单啊，备战高考的时候，不学习的后果显眼且鲜明，过程中目标出现频率高且具体，每学会一种题型仿佛都跟美好生活近了几米，分数明晃晃地写在白纸上，进退之间变得分明。

而大学，乃至于将来步入社会的你，面临的是一场长期且无形的考试。愿景，有，但很远也很大，远到常立志的话能把你立到灰心，大到你投资了半年时间都觉得自己仍然渺小，功夫仿佛也不值一提。

更可怕的是，在走向目标的过程中，不会再有那么多正面即时反馈和负面及时提醒，能坚持多远全看个人成熟与否，能不能静下心，用远见代替巧克力。

我到现在还记得那个遥远的下午,一个人孤独地骑着车,双腿有节奏地蹬着脚镫,不需要说话,不需要陪伴,只有蓝天相随,它与大地永远隔着相对的距离。

　　我终于到了外婆家。

　　她将一枚冰块,塞进了我的嘴里。

一句话，足以熬垮你的行动力

1

几天前与朋友聊天，问他在干什么。他回复说自己正在为一个策划案焦头烂额。

在这方面朋友算新手，他原来不从事这方面的工作，也是机缘巧合下接到这么个活，老板好像还挺急着要的。

我一听立马会意，赶忙跟他说"你先弄，有时间再聊"。

他却没有撒开手机，继续对我说："我怎么这么倒霉呢，摊上这么个突发情况。我没做过，老板又不教我，不教也就算了，还要得这么急，我这一个字都没憋出来，拖了三天了。"

这让我有点儿好奇，朋友并不是懒惰的人，怎么任务在那里摆着愣是不做呢？

朋友坦言道："就是总觉着……还没准备好，有点儿手生；本身自己就是外行，做起来容易出差错，又是要交给老板看，仓促下手的话，总担心差点儿什么。"

这话让我恍惚想起自己的一段经历，便认真劝他说："赶紧做，现在就做，别要求自己做得好，先保证自己做得完。这方面我了解，策划案一般都是要改三遍的，第一稿有个大概就行了。"

朋友听后大喜过望："嗨，我们老板都没告诉过我，那我还怕什么了,这就写!"当晚朋友通宵达旦尽自己全力完成初稿,并在第二天按时提交。

今天一早朋友发微信报喜:"我感觉我在这方面有天赋,不是说一般都得改三遍吗?我们老板看了初稿后就说不错,不用改了,还在例会上夸了我!"

我憋不住乐,心想自己也并不知道要改三遍这码事。我也并没有帮到他什么,只是用另一种方式,帮他把心里的那句"我感觉我还没准备好"给抹掉了。

2

"我感觉我还没准备好",这句话可以说是很多拖延症患者的心魔。

拖延并非懒惰,更多的是一种心理障碍:总以为自己做不来,总想再准备准备,总惦记着等到万事俱备的一刻,一口气吃个干净利落,于是,在行动上便一拖再拖。

每个人都会遇上几次想拖延的状况,毕竟每个人都会遭逢"手生"时刻,这时人的心态就像被卡住的车,其实给个油就过去了,但如果你把火一熄,打算从回忆发动机原理开始全盘运作,那手生,就变成手凉了。

去年年底,我将一本书稿交给出版社,对方对内容很满意,想让我为新书写一篇序。

我心想序这东西要放在卷首,那重要性定是不言而喻的,既然如此重要,可不能草草了事,更不能落了俗套,于是迟迟不落笔,从学习"写序的格式与方法及注意事项"开始,到研读一些好书的序言内容,看人家都是怎么写的。结果是越研究心越怯,对自己的要求也是水涨船高,等对方过来询问时,我猛一抬头,小半年过去了……

我一咬牙一跺脚,杀下狠心要求自己即刻动笔,一天之内必须完成。

别说,人还真是被逼出来的,不写的时候觉得处处是坎,哪哪不妥,这一真刀真枪动起笔来,虽然偶尔也会磕磕绊绊,但明显更有针对性,起码真正知道哪里需要收一收,哪里需要加强了,然后一切就像被荡起来的秋千一样,许多静态中无解的问题动态下迎刃而解,仿佛就是自动的。

不消一个下午,初稿顺利完成,可笑的是学的那些方法几乎没怎么用上,遇到的具体矛盾和对应的解决问题的方案,多半都是当场临时敲定的。

对方发来信息夸赞:"好,写得真好,果然是慢工出细活!"我盯着手机发着愣,哭笑不得。

3

曾听一位很幽默的老师聊起人的思维习惯。他说:"人可以分两种,一种人的口头禅是'时机尚不成熟,等我如何如何,我再干点儿什么',而另一种的宗旨是先把坑占上,先上车,然后缺啥补啥,与前者相比,思路是倒过来的:我先干起来,然后看我需要如何如何。"

表面上看,第一种人的想法比较稳妥,但一上手就发现,准备?你是怎么也准备不完的。

第二种人也不是无头无脑地乱撞,他们也给自己摸索的机会,在路上的前几米,其实就是他们的准备工作。

而且,这种在实操环境下的"准备",拳拳到肉,更具针对性,步子一迈,方法和资源自动就往脚下聚合。

所以,实践,其实就是在学怎么学习;恋爱,就是在学怎么爱;工作,其实就是最好地"找工作",时刻行动着,才是真正的时刻准备着。

记得有一次放假回家,母亲正要下厨。我拦过来说:"今天我做顿饭给您吃。"三下五除二,几盘菜上桌。

母亲又喜又惊:"你什么时候学会的做饭?"

我自己也琢磨了下,确实记不清了。

母亲再问:"有人教你吗?"

我连连摇头。

她便更纳闷,我也一时说不出个所以然。

吃了一会儿,我猛然想起点儿什么,继而哈哈大笑,兴致勃勃地跟母亲讲起:"有天晚上,你和父亲出门,我自己在家,后半夜时饿醒了……"

这五条建议，帮你做好时间管理

1

时间管理在最近几年一直是个比较热的话题，现在我们用一篇文章的篇幅统一来说一说。

时间管理有用吗？当然。

生命赋予每个人每天24小时，谁也不比谁多。刨除天赋、机遇等看不见摸不着的隐性因素，导致人与人拉开差距的主要原因，无非就是看你把这份宝贵的资源用在哪里，以及，怎么用的。

用在哪里，决定了我们选没选对适合自己的方向路径，怎么用的，则决定了我们的前进效率，即，是否最大限度地做了有用功，行动是否能产生事半功倍的效果。

接下来，我们以小明同学为例，看看在时间管理方面我们需要注意什么。

小明同学对未来已有了大体的规划和打算，对自己要求也蛮严格，每晚躺在床上即将入睡时，都在脑海中大致规划一下明天要做什么。

这一点他做得很好，我们每个人最好都对将来有个宏观的展望与愿景，确立好大方向，在日常低头苦干的同时，隔三岔五抬起头瞄一眼，一来防止自己走偏；二来观察一下环境变化，看是否需要调整；三来方便将宏观愿景切割成中观的阶段性目标。

接下来便是落实到每一天的微观执行，一夜过去，新的一天开始了。

2

起床后，小明为自己设置了今天的任务表，在手机便签上写好今天需要做的几件事。

（1）完成今晚前要上交的策划方案。

（2）为考取某个证件准备一个小时。

（3）健身四十分钟。

（4）做十分钟一直不想做的事。

（5）碎片化时间阅读文学经典，听一节网络赏析课。

这份任务表看似简单，其实有很多讲究在里面。

首先，我们注意到，小明并没有细化到几点到几点必须做什么，而是只列事情，不做硬性要求。

这样保持了计划的弹性，因为每个人、每一天、每一时段的状态都会有差异和起伏，而时间管理的一个内在原则就是，趁状态好时多做事情，状态差时就尽量不做。

我们总是喜欢在相同的时间内制订等量的计划，表面上看着工整有序，却反而让我们在状态好时没能做正确的事，这是很低效的。

其次，在这份任务表中，小明将比较紧迫的事情放在了今天的最前面执行，这也是比较合理的。

我们常去纠结到底是先做重要的呢还是先做紧急的呢，其实这是个伪命题，要做就先做紧急的，因为紧急对你来说就已经足够重要了。把紧急的事先完成，甭管完不完美，确保先完成再说。

这样可以卸下你的心理包袱，防止一天的节奏都被事压着。

3

接下来，我们看到小明给自己设置的第二项任务叫作：为考取某个证件准备一个小时。

注意，任务表，就是人对今天自己的要求，而要求的"说法"，也是有规律的。

小明的第二项任务，并没有给自己设定程度性或结果性的目标，而是设定了一个过程性目标。也就是说：他不要求自己要做多少，学到哪种高度，而只是简单要求自己：抽出一个小时，在这一个小时内，专注认真地为某个证件考试做准备即可。

这样做的原理在于，备考对于小明来说，是个长线工程，周期长，反馈到来得也晚，且这个大工程不是一口两口就能啃下来的。

对待这种长远目标，对自己的要求最好是放在过程上，这样每天不要求别的，不去想能不能考多少分，或者到底要读多少页复习资料，只是要求自己专心认真做它一个小时就行了。

如此，一来，可以保证步伐沉稳踏实，心态稳定平和；二来，每做好一次就会有一次完成感的正面反馈给你，积极性就能长远地保持了。健身四十分钟,也是这个道理。

4

再来看任务四:做十分钟一直都不想做但又必须做的事。

我相信很多人都会有这么一两件事长久在心里藏着。这样的事情要么是比较难、比较复杂,要么则属于你提不起兴趣的一类,所以你总想拖着。

无妨,要求自己做十分钟就行了。

比如一项枯燥冗长的毕业设计,或者是一本数学习题册。

这类事物每多搁置一天,你对它们的抵触感和恐惧感就多增长一分,最终往往任务量和难度没变,你的心理障碍却积少成多。

这时可以试试在接下来的日子里,每天接触它们十分钟,比如,今天为毕业设计做十分钟的资料准备,或今天花十分钟做一道题。

注意,就十分钟,哪怕十分钟后还有余力,今天也到此为止,明天继续;如果只做到五分钟就受不了了,好,那就五分钟,明天试试六分钟。

小步伐的接触一方面可以让你在心理上把放大了的负面感受压缩回合理范围,甚至产生兴趣或动力;

另一方面,可以让你对这个大问题有个具体的把握,每天十分钟,持续一星期左右,解决问题的突破口就会被你撕开,节奏也被荡起来,不需要再动用初始时期那么多的毅力与坚持,惯性自然就推着你往前走了。

5

小明为自己设置的最后一项任务针对的是每天的碎片化时间。他对自己的要求是，用碎片化时间去阅读文学经典，并听一听网络上的作品赏析课。

其实碎片化时间用来做任何有益的事情均可，但自我提升也要结合自身，做明智的选择。

比如小明，从他的第一项任务看出，他的主业是文案策划方向，隶属文字与表达大类，那么阅读文学经典、培养语感、拓展表达方式对他的主业来说，就是有辅助促进作用的。而且文字与表达能力是基础性、百搭类的技能，哪里都能用得上，是个人提升的最佳选项。

此外我们注意到，小明同学贵精不贵多，碎片化时间很丰富，他却有意识地将碎片化时间归纳集中起来，做整块的事，这很聪明；同时，听一听作品赏析课程，也相当于给自己设置及时反馈，有引路人，既保证了高效，也符合刻意练习原则。

最后，关于时间管理，我们还需要重视到一点，那就是休息，正确地休息。

张弛有度，休息的重要性不言而喻，然而很多人在休息时总爱玩手机，以为这样就放松了。

这是个错觉，玩手机看似没有工作，却在持续调动你的注意力。每个人每天的注意力资源十分有限,恢复精力的最好方式是平躺小睡一下,不要超过二十分钟,出去散散步亦可。

至于如何把握工作与休息的频率间隔,可以参考番茄工作法,简单说,即每二十五分钟左右为一个番茄钟,每工作完一个番茄钟就主动休息八到十分钟,休息时就纯休息,番茄钟内保证专注、沉稳、心态平和就行了。

以上,我们以小明同学为例,跟大家分享了些时间管理方面的经验与心得,希望你能利用好时间这个最公平、最有力的武器,它是不会辜负你的。

你迷茫焦虑,是因为缺乏方向性

1

曾经有一位大学生读者在网络上发私信对我说:"我今年大二,感到很空虚,也很迷茫。我并非是不上进的人,平时也挺忙的,但仍感到每天都浑浑噩噩,有的时候,还很焦灼。

"我亦步亦趋地跟着很多'过来人'的经验走,优秀的人干什么我干什么:报名参加社团,跑到操场晨读英语,勤工俭学攒钱办了健身卡,周末去泡图书馆……

"一方面,每项活动都坚持不了多久,干着干着就觉得挺没劲的;另一方面,本以为这样饱满的生活会让我很快乐,可越来越发现自己不能停,稍微一闲下来,心里就像有蚂蚁爬,手足无措,空落落的。"

他问道:"是不是我意志力太薄弱了,坚持的时间不够长?还是说前人的经验都是错的?"

这位同学的一番描述,让我恍惚想起三位老师的话。

2

第一位老师是我读大学本科时的系主任,他在新生见面会时对我们说:"同学们,想成为什么样的人,就会成为什么样的人;想成为什么样的人,就去成为什么样的人!可前提是,你,想成为什么样的人呢?"

第二位老师是我读研期间某个研究方向的导师,他在某堂课上一字一顿地说道:"当一艘船不知要驶向何方的时候,任何方向刮来的风,对它来说,都算逆风。"

第三位老师是清华大学校长梅贻琦先生,他曾问文学天赋极高但坚持学实科的吴岭澜:"为什么不转去文学系呢?"

吴岭澜坦言:"最好的学生都是学实科的。我只知道,这个年纪最重要的就是学习,何用管我学什么。每天把自己交给书本,心里就觉得踏实。"

梅贻琦说:"可你还忽略了一件事,真实。人把自己置身于忙碌当中,会有一种麻木的踏实感,但丧失了真实。而真实就是,你看什么,做什么,和谁在一起,都有一种从心灵深处满溢出来的不懊悔也不羞耻的喜悦与平和。"

没有任何一条至理名言可以瞬间解决所有的问题,但这三句话足以给读者提个醒儿:孩子,是时候考虑下目标与方向了。

3

不得不说,我们在考虑问题因素的时候,对意志力的作用,是普遍高估的。

面对久不散去的困惑与复杂的矛盾,我们总会拿这句话来安慰自己:忍吧,熬吧,再坚持坚持,坚持够久就好了。

然而坚持是需要有对象的，也就是说，你有没有想过，自己在坚持什么呢？

坚持力与意志力，都不是绝对化的衡量标准，在种地务农方面，我的父亲比我能坚持，他可以连续数月在山上干活，我割地割三天就撂挑子了；

在做研究方面，他似乎又没我有毅力，我可以为了一篇文章搜集数十万字的资料，他看一页书就会感慨："儿啊，你太辛苦了。"

你看，意志力这东西并非孤立存在的，我和父亲相比很难说谁更能坚持，差异只在于人生主题和目标不一样罢了。

而没有主题、目标与方向的人生，就好比一个写散了的故事，缺乏起承转合。别人是步步为营，你则是冬夜踏雪，深一脚浅一脚，走得再勤快，心里也觉着缺点儿什么。

若是比谁走得远，迈的步子多，那算你赢；然而这场竞赛，是比谁先到自己家的。

有目标感的人每一脚都是一小块拼图，能清晰地感觉到此刻的自己是更宏大有序的整体的一部分。

而目标感缺失的人，它们的时间与精力既充裕又紧张，既可又不可，既被珍惜又被荒废，自然什么都做，又觉得做什么都是虚度了。

4

这仿佛是个不缺乏目标与方向的时代，似乎每个人都有属于自己的追求。

就像前文中的读者，若问他有什么目标，他会坚定答道："我想成为更好的自己！我要成为一个成功的人！"

然而理论上说得通，一落实到行动，又会掉进那种焦灼的状态之中。

原因很简单啊，这类目标太大，也太泛泛了，相当于假目标。

假目标等同于没目标，就像我之前给写作课的学员讲描述技巧的时候，告诉大家要多在心里问自己"怎么个"的问题：说人好看，怎么个好看法？写场面混乱，怎么个混乱法？喜怒哀乐，怎么个喜怒哀乐法？一落实到具体，自然也就有的放矢了。

同理，想成为更好的自己，想过成功的人生，怎么个更好法？你的好坏标准是什么？程度在哪里？动机为何？打算如何实施？

真正的目标与方向，除了需要有个宏观蓝图以外，是须落实具体的。

然而上述那些具体的问题，很多人都没问过。

这世界上的好有千百种，花却不可能只在你一家开，最明智的做法，是在理论结合实践的尝试后，找到自己想奔的好，知道什么是自己更需要，或更适合的。

接下来就按照这个大方向与大主题去走，让相关的资源向你脚边靠拢，成为铺路的石头，保证每一步都是下一步的铺垫，然后将自己抛进这个良性循环里。

左右奔袭，风声鹤唳，不光会让人难以维持，还会终日不安，睡前觉得自己欠点儿什么。

但只要心中有数，少也是多。

5

记得一次和朋友聊天，她很惊讶地问我："感觉你积累的知识面广知识量又大，针对某个问题总能从不同的角度去说，然而我们时间空余都一样，你是怎么做到的呢？"

我笑答："这其实是个错觉啊，你相当于被我给骗了。"

咱们聊天，聊来聊去总能聊到人。

而这恰好是我汲取信息的主题。我平时读的、看的、听的、想的，都是和"人"有关的，这是我的主干。

从表面上看你又听我谈文史哲，又见我分享点儿科普知识，动辄我还拿老郭的相声举例子，偶尔又掺杂进生活细节，就觉得我博闻强识，功夫下得多了。

然而我只是心中永远藏着那么一两个大主题，大主题下又会有分支，所以无论我平时汲取到什么，都会把它们挂到我的树干树枝上去，表面旁征博引，其实都是拿不同的映射往我心里的主题上去套罢了。

我想我们每个人的生活也是一样，最好能在心中种上一棵属于自己的树，纲举目张，有了章法和奔头，不是你的也可以是你的；树架不起来，把一切果子都收过来，也只能烂在地里。

苏格拉底曾说，未经审视的人生不值得一过。

你不需要担心环境的问题,你需要担心的是你自己

1

记得一位朋友跟我说她考上了研究生,并且是高分通过时,我比她本人都高兴。

令我高兴的原因除了她被录取这条信息本身,还伴随着自己的预言再次被证实所带来的欣喜。

在她当初备考前问我被录取的概率有多大时,我曾诚恳回答:"报名就是了,肯定没问题。"

最后"肯定"便成了"果真",不变的是"没问题"。

之所以说再次,是因为几年前她考公务员时,就因为竞争压力太大,而没有信心。她的担心也并非毫无道理,毕竟那个岗位报名人数过百,最后只招一个。

但我还是对她说:"放松考吧,肯定没问题。"

结果是,她笔试第一,面试还是第一。

几个月前她跟我说她想在职考研,回学校充充电,我举双手同意。

她提起报名人数多,录取名额少,复习时间有限,自己又不了解很多信息等不利因素,表示这事能成的概率很小。

我对她说:"概率都是拿来吓唬人的东西,要是放别人身上可

能真的很小,但如果是你,它会自动放大,甚至趋近于一。"

我为什么对她这么有信心?

是她天资聪明,底子好?谈不上,不至于。

是她逢考必过,或者周遭围绕着刺眼的好运气?有我也看不到,我又不会算命。

但哪怕这次她没有考上,甚至连上一次都落榜了,但下一次她再想考什么,我还是会预言"没问题"。

如果理由只能用一句话概括,我只好简单粗暴地归纳一下:她就是那样的人,该行的,怎么都行。

2

"她就是那样的人,该行的,怎么都行"这话您听着一定很熟悉,起码在我老家那边,这是很多乡里乡亲的口头语。

我一度觉得,这就是种很淳朴的马后炮预言,一刀切评价,毫无科学性。但随着我见到越来越多的人,经历越来越多的事,我渐渐发现,这番话背后,确实有它的道理。

我们不妨刨根问底地敲打下这句话,那样的人,指的到底是哪样的人?什么叫该行?你怎么知道谁该行,怎么就算该行?

如果总结一下,被我在心里认定为"那样的人,或该行的人",都具备三条共通的内在素质。

第一,有自我驱动力,对外有追求,对内有要求,说白了就是有那么一点儿不甘心。

第二，有自我反馈，有自我觉察与自我分析，及时纠偏不自欺，通俗讲叫能跳出来看自己。

第三，有自我进化倾向和韧劲，盯准一个大方向后执行力绵绵不断有耐心，追逐过程中姿态是开放的，像海绵一样吸收有利因素，高频率自我革新。

具备这三种素质，就可以称得上是"那样的人"。我常把他们称为"自带安全感的生命个体"，任外在环境再怎么变，但凡把时间的横坐标拉长，你会发现这样的人生曲线总趋势一定是上扬的，哪怕局部偶尔上下波动，但整体总是让人安心的。

3

相信很多人都看过电视剧《士兵突击》，里面有段情节让我印象深刻。

班长史今当初在下乡招兵时，遇见了许三多。三多的父亲盛情款款，就是为了把他嘴里那个"不争气的龟儿子"塞进军营。

然而在那次家访时，许三多表现得怯懦甚至有几分窝囊，让班长绝望又无奈。最后被逼得急了，他两眼怀着哀其不幸怒其不争的眼泪对三多父亲说："他不是那块料啊，他要是想当个好兵他就得在军营里玩了命，可关键是他要能玩了命他干啥干不成啊，何苦去当兵？"

这话被在场的许三多听进了耳朵里，但一根筋的他估计只听到了中间那句话：关键是能玩命，要能玩了命，干啥都能行。

于是就有了连续三百三十三次的腹部绕杠,也有了后来的兵王。

几年的军旅生涯并没有改变这个世界,当他家里被炸成一堆废墟时,袁朗提醒他:日子就是问题连着问题。但好在,这几年他改变了自己,让自己成为一个"那样的人"。

一个不想再被叫成龟儿子的男子汉,一个做不好事情却对自己说"我可以学"的好兵。

哪怕被扔在草原五班也不允许自己颓废,一句"别再混日子了,小心被日子给混了"说给战友,也在说给自己。

以跬步之幅日日精进,纵使孤灯挑尽也不放纵自弃,能做一点儿算一点儿,被队长评价为"能在最绝望的环境下尽最大的努力"。

于是就有了废墟上搭起来的一张床,真正的兵王走进生活的汪洋大海里也会是一名出色的水手,哪怕一时半会儿看不出有什么翻天覆地的巨变,但你对他突然放心,因为你看他仿佛内在有了股强大的生命力,做什么事都是那样沉稳又坚定。

史今再见到他估计也会改口:三多啊,你现在干啥都能行。

4

记得某年考研分数线公布的时候,我收到了一位读者朋友发来的私信。他详细讲了自己为了考取全国顶尖高校所付出的全部努力,包括当初是如何做复习规划,如何收集相关资料,甚至是每天每科怎么复习,哪个知识点自己理解到哪里,在那封长长的信件末尾,他附带了两张图片,对比下不难发现,他落榜了,专业课和总分都完全达标,但只差了一分,差在了英语。

相信很多人面对这种状况都难掩失望之情,我却对他真心地说了句"恭喜"。

恭喜你是这样的人啊,其实你已经被"录取"。

他当然以为我在说安慰的话,我解释道:我关心的不是那个浮在海面上一次两次的"结果",我的欣慰来自在整个过程中,我看到了你面对复杂信息的整合处理能力,面对长线任务的冷静应对和持久的执行力,对专业问题的熟稔和理解化记忆,以及在字里行间展现的自我觉察与自我分析。

具备这么优秀的素质,身体不在所谓的顶尖高校,你也相当于从顶尖高校出来的人了。

如果延续这样的品质和做事风格,几年以后,这次考试被录取的人和你相比,谁发展得更好,还真就说不定。

失败和失败都是不同的,有种失败就是失败而已,但对一部分人来说,失败之中却蕴含一种胜利。

更何况,这次考不好,还有下次嘛。

他泄气地说:"没下次了,我老大不小,不想再考第二遍了。"

我说:"有下次的,对你这样的人永远有下次,只不过不一定出现在考研这里。我当初也是跟理想院校失之交臂,但都没白费,很多理论被我稀释后用在了如今的文章里,我的一位朋友和你一样用心复习,却和目标失之交臂,当时他跨专业考的电影,现在他是央视一名出色的视频剪辑。"

认真瞄准的人啊,请让子弹飞一会儿,纵使打不中第一个靶子,它也能穿透一层空气。

从来都没有绝对如意的竞争环境,也从不存在真正意义上的一劳永逸。

用一生的态度去对待一生,用一辈子的眼光去衡量一辈子,在这一生和一辈子里,与其对周遭反应过敏,步步患得患失,如履薄冰;莫不如把自己打造成一个靠谱的人,持续输出你的价值,持续做对的事情,任它风云多变幻,我自有数亦有底。

也正如丘吉尔所说,没有最终的成功,也没有致命的失败,最可贵的是继续前进的勇气。

在这个心照不宣的世界里,我希望你好好做一名"卧底"

1

前几天收到一封高中生读者发来的私信。

她讲道:"我平时成绩不错,稍微努力下应该能考个好大学,将来也可以过上衣食无忧的生活。但我喜欢看一些文艺类的东西,越来越觉得,这些尘世的物质生活不是我想要的,所以现在的我很矛盾,甚至有点儿想背包环游世界,追逐诗和远方,不想再经历什么千军万马过独木桥了。"

说实话,读至此处,我一丁点儿都不觉得她幼稚,更不想以过来人的口吻"教育"她什么,毕竟很多人都曾这么想过,面对这样质朴的灵魂,我们也没有什么可骄傲的。

但我还是建议她:"好好学习,既然跳一跳就能过上衣食无忧的生活,那就跳一跳好了。不要过早地断言这个不适合我,那个不是我想要的,先把自己养起来再说。"

显然,我的建议是俗气的,远不如"冲吧,少年,大胆追寻你的一切梦想"那样来得爽口,解渴。

所以,也不难理解她会有接下来的疑问:"难道说活着就是为了吃饭?"

我答:"当然不是。"

她再问:"理想和现实哪个更可贵?"

我直言:"理想更可贵。"

她聪明地问:"那既然您觉得理想更可贵,要让您选,您是要理想还是要现实?"

我继续保持着诚恳:"我选先把现实握在手里再说。"

她秒回道:"这不合逻辑,口口声声说理想更可贵,却率先盯住了现实,这不矛盾吗?"

我答:"不矛盾啊,我先选现实,就是因为,理想,太可贵了。"

她觉得我在玩文字游戏,于是,我给她讲了一段我的故事。

2

我在读初中的时候,就喜欢学文科。

那时虽然文理还没分科,但我是真的一遇到文科类课程,便激动,高年级的文科类书目,也被我早早读完了。

与之相比,理科在我这明显不受待见,狭路相逢也避之不及,凡事都讲因果,成绩嘛,自然也是捉襟见肘的。

一天下午,数学老师批完卷子后把我叫到办公室,指着一道题问我:"ABCD这四个选项,你选哪个?"

我一看,这题好难,前三个选项说的啥意思我都不知道,那就干脆选第四个好了,结果还蒙对了。

老师并未放我走，饶有兴致地让我解释下ABC选项说的是什么意思，我自然不知道，头摇得像拨浪鼓。

数学老师说了一句让我终身难忘的话："当ABC你都懂，且对其都有了深入的了解和体察，在这个前提下你选了D的话，才叫真正意义上的'选择'；现在的你因为看不懂前三项而选了第四项，答对了也不值得骄傲，因为你这不叫选择，叫'被迫'。"

时隔多年，发生了类似的情景。一位老教授在课上给我们讲起世界上的几大宗教，也说了句这样的话："当你都不知道其他两种宗教讲的是什么，内涵何在，你是没有资格说你信仰第三种宗教的。"

3

那天下午，我听出了数学老师的弦外之音，但并未妥协，与他争论道："我知道您是不想让我偏科，才举了这样的例子。但我觉得人追求自己想要的东西，讲到天边去也是有理的，我喜欢文科，我就学；不喜欢理科，就不学，这便是我对我喜爱的东西，所交付的最大诚意，不是吗？"

原以为这话说得足够严实，不料数学老师连连摇头。

他的言语掷地有声："如果你对文科的热爱是出于真心的，那么我更要你去好好学理科。"

我表示不解，他缓缓讲道："我自从毕业来到咱们村任教，前后带了二十多届学生。每一届的孩子里，都有学理科学得好的，也有像你这样的,明显更适合文科。他们的才华真好啊,有的对化学有天赋,有的一上手就知道将来能当数学家,还有从小喜欢读历史,甚至让老师都觉得已经教不了他什么。"

我问:"后来呢?"

他答:"几个运气好的,读了中专,多半,都回家种地去了。"

我愣在那里,他拍着我的肩膀说:"老师知道你在文科上有兴趣,有才华,所以才更不想你这好心思被浪费了。如果你真的想在这条道上走得远,就为了它咬咬牙,忍一忍,把理科分数搞上去,免得在升学考试上吃哑巴亏。现在不着急,等到没有什么能拖你后腿,那才是你如鱼得水的时候,那时候,你可以回来站在我面前,拍着胸脯,理直气壮地说:'老师,别看我数学成绩不错,但我的心是属于文科的!'"

这话真是被我听进心里了。

那年中考,我的数学一点儿没拖后腿,物理考了92分,化学96分,全县第一,成功考入重点高中。

然后在高中二年级,我理直气壮地选择了文科,其间,什么都没有拦住我。

在那之前的一节自习课上,同桌见我在刷理科题,还打趣地问:"哟,不是打算将来学文吗?怎么叛变了?"

我笑着说:"咱这叫打入敌军内部。正因为我更爱文科,所以要给它装上一层结实的壳。"

4

理想和现实哪个更珍贵，你问一次我答一次理想更高贵，但你让我选，我会先把现实当堡垒。

我心里知道星空更美，才更愿意脚踏实地，我怕我直接飞过去，便无法追求得纯粹。

那些美好的东西，始终让我沉醉，但我会先选择清醒，只为了让这个可以好到没边儿的世界，不要坏到没底，不给那些讨厌的东西威逼考验的机会。

情怀与能力一样不可或缺，但我仍建议你先磨能力，再养情怀，不是情怀输了，错了，只为你将来跟人谈起它时，不至于虚弱，没底气，不至于声音嘶哑，动作局促，又狼狈。

我建议读书的人多多接触生活与社会，并非在鼓吹读书无用论，只为了你不必被人叫书呆子，而要做到人无你有，人有你优，将真理的力量发挥得更加游刃与充沛。

我希望年轻人能在长风万里的年华里，不要拿安逸麻痹自己，并非是屈服于拜金主义，只是为了在小概率事件发生时，你有能力保护好你珍视的东西；而不是一根烟两口酒，面对着几双期待的眼睛，半晌不语，挤出一声叹息，而后午夜梦回，去找诗集。

我们顺应物竞天择的规矩，不断提升自己，也并非要变得冷酷，沦为机器，只是为了当冷空气来袭时，你有说"不"的权利和选择的余地，而后从怀里掏出一捧暖意。

不要过早在价值观领域断定或排斥一些东西，就像理科好了,其实对文科也有利,它能让所有人都沉浸于感性时,你从逻辑上另辟蹊径。

不要过分纠结于诗与远方的问题,苟且的另一个名字叫低头亲吻土地,真正有诗性的人,柴米油盐也能够品出诗意。

愿你经历过看山不是山、看水不是水后,再回归到山水皆山水,而非讨巧地站在原地。

愿你能在这个心照不宣的世界里,先好好当一把卧底,喜欢看警匪电影的都知道:没准,当警察时不觉得什么,反倒是在另一个世界里,撞到了一股子兄弟情。

梦想当演员,不必扛起包裹蹲在中戏北影的人堆里,扮演好生活中的每一个角色,又何尝不是一段精彩的剧情。

外卖小哥不只在为稻粱谋,他每一次出发,都是一场说走就走的旅行。

CHENGZHANG
PIAN

找到你的内在动机，
这无关成功，甚至谈不上梦想，
知道自己真正在乎的是什么，
然后把它储存在，心里最安全的地方。

Chapter 2
成长篇

如何做好那些重要但不紧急的事情

1

我曾写过一篇文章,题目是"那些重要但不紧急的事,特别值得我们去努力"。

什么算重要但不紧急的事呢?比如,保持身体健康、作息规律,打磨出一个具备不可替代性的能力,日常维护好亲密关系,培养阅读习惯提升认知水平,等等。

总之,就是那些甜头埋在未来,且能构成优势壁垒的事情。

这些事宜如果能提早准备,常常关切,持之以恒地做下去,可以说是终生获益。

相反,如果一直疏忽怠慢,无限期拖延,后果也是加倍可怕,冰冻三尺非一日之寒,等真的要追赶时,你会发现那些差距一时半会儿抹不平。

然而说归说,一落到实践上你就会发现,很少有人去践行,即使通过一点儿提醒认识到了重要性,也是三分钟热血,很难坚持下去。

其实这里面的原因也很简单,这些事好就好在它们真的重要,但坏就坏在,它们看起来不那么紧急。

追溯到祖先那一辈,生存环境恶劣,吃了上顿没下顿,当然要今朝有酒今朝醉，演化让人的目光聚焦短期，一度很合理。

现代社会环境早已改变，可我们的大脑里仍保留着些先人的痕迹，加之不确定性日益增强，那么"努力未必成功，但不努力立马就可以享受一点儿当下的安逸"则成为一个特别明显的表象，人也会更容易接受这套逻辑。

倘若真的能一条道走到黑，让自己懈怠得心安理得，倒也没什么；但个体还是有残存的理性啊，加之宏观环境的谆谆教诲，人又是社会化动物，很难将外在认可完全择出自己的价值评判体系。

所有因素这么一叠加，足以让你堕落都堕落得不舒服，当下的体验自我所能享受到的甜头被大打折扣，未来的回忆自我又是悔不当初，可谓赔了夫人又折兵。

2

如此看来，那些重要但不紧急的事，不光重要性在日益增强，同时也成为蛮紧急的问题。

那么，如何做好那些重要但不紧急的事？怎么才能让自己真正重视起来，且坚持下来，告别动辄撂挑子的脾性呢？

对此，有如下三点建议：

第一，让未来可视化，将结果拉近，呈现得具体清晰，倒逼种因。

第二，在正面谋求自律，从反面寻找他律。

第三，前期咬紧牙关，后期交给惯性。

接下来，我们通过案例，将以上三点的应用，做个形象说明。

我的父亲胃一直不太好，消化系统方面也有许多不大不小的毛病，但他又向来不重视身体，多次劝他注意饮食保养和调理，他总也不听。他的理由很简单，吃饭嘛，应付它一次两次没关系。

后来我是怎么劝动父亲，让他坚持每顿饭都好好吃的呢？

有一次，我这么跟他说："爸，咱们村某大伯就是患胃癌去世的，你还带我去看望过他，那个场景您记忆犹新吧？想象一下，如果您一直这么毫无顾忌地糟蹋身体，等到未来某一天，你躺在床上，胃被切去了大半，身上插满管子，各种并发症把你折磨得叫天天不应，叫地地不灵。

"我妈白天伺候你，晚上一个人偷偷抹眼泪，我孝子陪床，丢了工作，家徒四壁，咱们一家几口人大眼瞪小眼，此时瘦得只有七十斤的你又是因为一阵痛苦剧烈呕吐，你转过身去，勉强闭了会儿眼，你会想起什么？

"你可能会想起自己当年为了多赚点儿将来的药钱，跟魔鬼打赌，感叹自己是有多傻。

"你可能想让自己穿越回去，看见当初那个不听劝的人，恨不得上去抽一巴掌。

"爸，现在的你就是将来的你穿越回当初所看见的自己啊，你确定不力挽狂澜一下吗？"

这段话真的被他听了进去，从那以后他不光按时吃饭，把几十年的烟都戒了。

原理很简单：那个可以钻空子、投机、博概率的模糊未来，第一次不由分说地揭开面纱，直挺挺走到父亲的眼前，他以后每次想要放纵当下，都能一眼看清十年后的自己。

3

人在很多时候不爱做那些重要但不紧急的事，一个主要原因，是甜头放得太远了，且这类事又都是大工程，一口气啃不下来什么，这就造就了一个巨大的障碍：你目前踏出的每一步，似乎都没多大意义。

人最怕做没意义的事啊，让囚犯去挖坑，然后再填上，再挖，久而久之，囚犯宁可干更劳累的事情，因为这事太可怕了——它看不见意义。

这也就不难理解为啥有的人很想培养阅读习惯，但读几本就不读了，很简单，因为在他们看来，读了两本也没提高学习成绩啊，读了三本也没涨工资啊！

有的人很想让自己成为一个爱健身、爱跑步的阳光青年，但旗帜立了三天就倒了，因为在他们看来，都三天了也没见人鱼线啊，跑了百八十米也没对生理产生啥改变啊，反倒挺累，还有点儿浪费时间。

有的人很想为某场考试做准备，为写东西做素材积累，但积累准备到一小半，又不干了，因为在他们看来：今天复习的东西，考试也不一定考，今日不做积累，仿佛也无大碍嘛。

长远收益遥遥无期，片刻欢愉立等可取，小孩子才分对错，成年人只看利弊，于是成年人像下饺子般地觉得：我宁可做错事，不干那些正经事，反正我让自己舒服一会儿就行——这就从一个个瞬间性的战术胜利，跳进了一个更大的战略陷阱。

解决方法可以将敌人的优势借鉴过来，即，尽一切可能让自己看清楚踏出每一步的收益。优秀的人之所以能够比你坚持得更久，并非他们比你多多少毅力，而是收益对你来说，只有感受加结果，但优秀的人体会收益的渠道多了一条：过程与成长性。

能够让自己更加注重实践过程带给你的快乐，在远方的甜头还没出现时自己就已经享受到每一步的行动带来的自我尊重与自我肯定，这就是积极的自律。

4

然而，积极的自律需要人具备一定的远见和心态水平，考虑到功利主义盛行的氛围，这条未必人人都能抓得牢，幸亏还有下一点：从反面寻求他律。

不得不承认的一个真相是，环境能改变人。社会为了发展，人为了找心理平衡，所听所说的却都是人能改变环境。

与其寄希望于自己强大到足以把环境掀翻，莫不如借力，先让环境改变一下你，只要选取优良环境就行。

如果条件允许，学习与自我提升一类，尽量报班，要的不是捷径，是他律的环境；条件有限也可找人结伴前行，只要他律带来的监督与惩罚机制，足够有效有力。

好习惯的养成与维系亲密关系一类，先通过他律，机械要求自己一阶段，再转到自由发挥和走心，这就相当于长跑，它并不是每一步都是辛苦的，只要稍微咬咬牙，跑过临界点，剩下的路程你的双腿会自动交替，整个人像荡起来的秋千，轻松得都不想停。

临界点之后的习惯养成，具备你想象不到的威力，学霸有可能比你还舒服，因为到了更高习惯层级的他们，并没多用力，只是在滑行。

而在临界点之前，交给他律即可，至于临界点之前的努力有什么意义，你没必要知道，反正那时的你基于尚未习惯的不适感，也只能催发出一些任性。

当你能够用未来的目光检视当下的自己，提醒这个未来之过去的我：下根烟不能抽啊！一定要早睡早起！

当你能够用清晰具体的愿景来鼓励现在的自己：再坚持一下，从大概率上看你目前的行动很有益，咱们理性的人要押就押大概率。

当你能够将自律与他律结合运用，跳出自己，旁观自己，尽物之性，人之性，因势利导，和自己玩心理游戏，你会慢慢收获柳暗花明。

且会发现，叫醒你的，不是闹钟，也未必是梦想，是生物钟，是原理的运用，是客观规律。

如何有效提升自控力

1

有很多读者跟我谈起关于毅力，专注，坚持，自律，克服三分钟热血，培养自控力方面的事情。今天就借这篇文章跟大家聊聊如何提升自控力的话题。

关于提升自控力，我的第一点建议是，先控制形式，再控制内容。

举个例子，有位读者朋友说，他看过一篇鼓励健身的文章，读罢血脉贲张，立誓要在多少多少天内将满身赘肉甩光。结果办了张健身卡，一年只去了一次健身房……

类似的窘境不只发生在一个人身上，比如还有读者说他曾想考某个证，结果只咬牙刻苦了一个星期，最终还是放弃在半路上。

真的只能用个懒字来总结所有现象吗？

不，有一个被我们忽略的原因，那就是很多人都太过急躁了。

要知道冰冻三尺非一日之寒，自控力既然涉及控制，那么就不难看出它的本质是一种状态的改变。由一种安逸但不太好的状态向一种暂时不太舒服但好的状态转变。而那种不太好的状态是由你之前日积月累所养成的。哪怕你看了某篇励志文，精神与思想上扭转过来了，但你的身体、大脑、整个人的习惯还需要一段适应新状态的时间。

在这段过渡期内,如果操之过急,蛮干硬上,上来就给自己设定标准的任务量,你会感到痛苦非常。进而你的潜意识还会对将来的状况做出预期:可能再坚持下去也会一直这么不舒服。

最终,你会选择放弃抵抗,维持原样。而这样一次改变失败的经历会反馈回你的记忆库,你下次再想改变,都要动用更大的心理能量。

所以,不论你想做哪方面的改变,都请记得:给自己一点儿时间和空间,初始阶段别求太多,对自己的要求是,只要今天比昨天好一点点就成,这就是希望。

2

比如,你是个宅男,想减肥想健身想练出一身腱子肉,别着急,别要求自己立马明天就举多少公斤的铁;不妨先这么要求自己:我第一个星期,先每天去逛一次健身房。逛一逛即可,能接受的话再慢跑个十分钟,这就算完成任务了,然后再一点点加量。

你可能会有疑问,这不变着法给自己偷懒呢吗?这不是缩减勤奋度吗?

不是的,你真的觉得健身达人比现在的你更刻苦吗?不,他们已经形成了习惯,在靠惯性前行;而你处于变奏阶段,你从宅的状态过渡到每天下楼走走,所需动用的意志力,丝毫不比已经养成习惯的人明天继续维持这个习惯所花费的意志力小。

所以在改变的过渡期，你先控制形式，让自己适应一下新的生活：想好好学习，先要求自己每天去一趟图书馆，甭管学多学少，初始阶段能坐得住就成。

想备战考试的，先要求自己在前几天内搜索整理下报考信息和考纲；想改变作息时间的，先要求自己明天几点起床，至于起床后犯困，效率还是低，不用自责，你在过渡阶段的任务就只是起床。

要知道你让农田里长满荒草，本身就是个日积月累的放纵；那么除草也注定会是个长线的工程。所以先别心急，一点点改良。

3

第二点建议是，别把放松当成犯罪，而把它转化为行动的奖赏。

我们知道，积累财富的方法，除了攒钱，还有赚钱。

我的母亲也说过一句话：日常生活中，人情不怕借，不怕欠，记得还就是了。

以这两段话举例，是为了提醒大家，在自控和努力的过程中，允许出现反弹，也势必会出现反弹的状况。

比如你学了一阵子，突然想给自己放两天假；节食了几日，某晚就是想吃顿正经的饭菜，这些都很正常。

我们通常会把这些最合人性的需求视作洪水猛兽，然而堵住一个个小反弹的你，会迎来一个最大的反弹——到了临界点，你干脆撂挑子了，得不偿失。

再者，一次次的愧疚与自责心态恰是你继续前行的最大障碍。你勤奋了二十分钟结果没忍住，打了十分钟游戏，你会对自己说：看，我又犯懒了，我这人就这样。

别把自己当机器使唤，不怕放松，记得补回来就行了。

比如你可以根据自身情况，设定勤奋与放松的兑换标准。

比如想吃块蛋糕，别拦着，告诉自己，可以吃，像正常人那样去享受美味吧，只要吃完后慢跑二十分钟即可。

成年人对自己的行为负责，清楚每件事背后所必须付出的代价，并在能承担代价的前提下勇敢地去做这件事，才是真正成熟的模样。

治水用疏不用堵，别试图挑战规律，别轻易扼杀正常。

4

第三点建议是，三分钟很短暂，但无数个三分钟捏在一起会发光。

很多人都以为自控道路上最大的敌人是三分钟热血。不，比这更可怕的是你对"三分钟热血"的紧张。

仔细回想下，真正促使你放弃的，是三分钟热血吗？

不，你放弃的前一秒，脑海里的念头或别人发出的噪声是，看，你又三分钟热血了，算了，认命吧。

所以你把所有的筹码都扔掉，当自己是一把输光。

每次有读者朋友向我抱怨自己三分钟热血时，我丝毫不觉得这有什么，谁不是三分钟热血呢？我甚至还见过许多人，连三分钟都热不起来，他们只会抱怨环境和不公，一分钟的干劲都没有。你起码还能振奋起三分钟，这就比他们强。

更何况，真正厉害的人不是从第一分钟到最后一分钟都不间断的人，而是死皮赖脸地将无数个三分钟缝补在一起的人。

就拿我更文为例吧。我的读者都知道，我绝不会天天发文章，都是断断续续地写。两年前有一位毅力超强的作者朋友，可以做到连续更文五十天，日输出文字两三万。

两年过去了，他目前的文章篇数仍是五十篇，我是三百篇；他的日输出字数停留在两三万，我是八十万。

并不是说我比他更能坚持，可能是我比他脸皮更厚吧：我哪怕断更一个月，都能在第一个月零一天的早上，把自己原谅……

5

关于提升自控力的最后一条建议，叫作：他律转内需，充分认识到自控对象于你的重要意义。这是最重要的一点，我却把它放在最后来讲，原因是这一条相比于之前的那些，略显务虚。

它却指向了一个你做好任何事情的终极钥匙：内在动机。坚持之路，道阻且长。最根本的内在动机，是你跋山涉水，历尽千帆的精神干粮。

在打算坚持任何事之前，请给自己留点儿时间想一想：我为什么要做这件事？为什么是这件事而不是别的事？为什么非它不可？

非坚持不可？

给自己一个理由，最重要的是，给你自己，一个说得过去的理由。别自欺，别含糊，越有说服力，它就能在你爬坡过坎时，给你越多的坚强。

与此同时，这个理由，这份意义，请你好好将其揣进兜里，不足为外人讲。它就好比是《盗梦空间》里的陀螺，不要让那些喜欢解构和嘲讽的人，了解它的重量。

最后，我愿你把我的一个陀螺展示给你看一下。记得在当初努力做某件事的时候，很多人问我是怎么坚持下来的，那么苦，耗时那么长。

我给自己的内在动机是，我想看看我在这件事上的天花板在哪里，我也想让自己看看自己的下限。我成败都甘心，因为我知道，如果这么困难的事都能被我啃下来，我以后的日子就糟烂不到哪里去。

相比于不明不白地老去，人总要在这一生结束之前，知道自己能达到什么样，是吧？

找到你的内在动机，这无关成功，甚至谈不上梦想，知道自己真正在乎的是什么，然后把它储存在心里最安全的地方。

如果困难吓到你,记得站到它面前去

1

读中学的时候,我有一阶段寄宿在数学老师家里。我的数学成绩中等偏上,但相比于其他科目,明显是短板。

享受不到由擅长带来的掌控感,又屡屡得不到正反馈,导致我对数学兴致寥寥,甚至偶尔扫一眼数学书的封面,头都疼,恨不得将其埋掉。可这越不接触越生疏,越生疏越得不到正反馈就越不想接触,久而久之,数学成绩也越来越惨不忍睹。

把我从这个恶性循环里拽出来的,是数学老师。

他并没用什么奇特的方法,也不曾鞭策我挑灯夜战。只是在茶余饭后,将下巴往家中小黑板的方向摆一摆,并以轻松的口吻对我说:"来呗,看两道题呗。"

我顺着方向望去,题目早已抄在黑板上。他并不要求我上去写,只需坐在原位与他谈谈自己对这两道题的想法,一道题说个三五句即可,全程下来用不上十分钟。

日复一日,一日两道题,一个学期过去,我的数学成绩上升到学年第一。

多年后每每回想起这段经历,都会由衷感慨数学老师的高妙。他从未跟我讲过学习数学的重要性,黑板上的题也都是从教科书上抄来的，但他最大限度地压缩了我与数学的心理距离。

每天听到他的一声唤："来呗，看两道题呗。"我都丝毫没有抵触情绪——不用去拿书，也说好了是看看就行，那就看呗。

两道题又不多，看完以后又不用写，只需说说自己的思路想法，那就说呗。

再没有努力前的踌躇满志和相伴之而生的沉重感与抵触情绪，毕竟我需要做的，只是看两道题而已。

2

过程中不觉什么奇特，事后对比一番才发现老师帮我摘掉了很多东西。看见书就头痛的条件反射没有了，翻书时心想"要学数学了"的沉重感也没有了。

他直插本质，甩掉了整个"努力流水线"上的大半环节，将所有过程简化为"看两道题—思考一下—日积月累，取得好成绩"的公式，在这个公式里，我连生发反感的缝隙都没有，甚至从未觉察过自己在努力。

自那以后，数学这科再也没困扰过我，我也养成个习惯，不对自己说"我要学数学了"，只常常跟自己讲"来，咱们看两道题"。

类似的事情还发生在我学习英语的过程里。高中时背英文单词，只能将一些简单的词汇记到烂熟，稍微复杂点儿的词怎么也记不住。老师建议我，把那些记不下的词抄写下来，贴到自己常能看见的地方。

我对这番老生常谈抱有怀疑,心说那词放在书上都记不下来,怎么,抄在纸上就记得住了?还四处贴,明显是自欺欺人的形式主义。

病急乱投医,还是照做了。我将所有记不牢的单词抄满了七八张大白纸,贴到了寝室床位旁的墙上和上铺的床板上,可谓翻身即单词,睁眼即单词。

大约两三个月下来,一天让同学考一考我,发现那些久攻不下的艰难词汇,被我记下了十之七八。

3

我特地问英语老师这算什么道理,她笑答:"很简单啊,记单词就是要提高见到它们的频率。"

我说:"那何必非要抄下来糊墙呢?常看单词书不也一回事吗?"

老师先点头,再反问:"关键是,你会常翻单词书吗?"

我坦言:"并不会……"

老师解释道:"就在这个细节上啊。表面上看,你把单词抄在纸上和你翻书相比,花的力气都差不多,但它帮你省下的,是心理的力气。"

你一看单词书就会感到心累,觉得自己在逆着劲儿下功夫;但把单词贴在随处可见的地方,你打眼一看就相当于直接进入了记忆环节,不需要做心理建设,不需要告诉自己要单词如何如何,你都来不及反应。

原来,英语老师和数学老师做的事情都一样:大幅度压缩努力流程里的仪式环节,最大限度地缩短个体与障碍间的心理距离。

仪式感是个好东西,但放在努力这件事上,会蚕食掉人的行动力,因为它会不断地提醒你:自己即将努力了,即将遭罪了,自己在用力,在受苦。它在你对困难的想象中注射进很多虚高的成分,让你还未出发,便顿感心疲。

而缩短与困难的心理距离,相当于把百米赛跑前不必要的两百米助跑行为给扔掉了,它让你觉得一切就是那么自然而然,直接跑就行,进而还来不及做内心戏便已上路,越走越顺畅,就像靠惯性。

4

常有读者向我抱怨说,工作以后才发现阅读的重要性,但青春不再,想读都读不进去了。还有读者朋友问我如何才能养成阅读习惯,摆脱"买书一大堆,半年一层灰"的尴尬处境?

其实方法也很简单:同样是压缩你跟书之间的心理距离。

我们很多人喜欢将书"供养"起来,摆在高高的架子上,偶尔哪天想做一回"文化人"了,煞有介事地取下一册,从序言开始读,如耕地一般,啃了三五页,叹一声"这文化人也太累了",然后把书放回去,进而要么对书,要么对自己,嫌弃加一。

如果你去看看那些真正将阅读内化成一种生活方式的人,你会发现,他们对书远没有如此"敬重""虔诚",往往是家里东一本,西一本,桌面摊一本,床头放两本,随手可摘,随处可取。

比形式上更奏效的，是心理，那些养成习惯的人，在内心只把阅读当作一种与优秀朋友畅聊一番的机会。所以根本不拘泥形式，今天和叔本华聊聊，聊到某个话题有疑惑，明天拿着这话题再去找尼采说两句。

这二者间的不同，可以用两句日常引语来总结，一句是"啊呀，我要读书了，我要读书了！"另一句是"今天跟哪位先生说说话呢？"

两相对比，判若云泥，且这两句话都是人说给自己听。

5

所谓克服困难，提高行动力，其实有一项常被我们忽视的工作需要重视起来，即修改对自己下的指令。

人的说话方式会极大地影响思考方式，所有人都知道要提升，要进步，要努力，关键在于你如何把这些指令下达给自己。

你对自己说我数学差，我要学数学；就不如说，来，看两道题。

你让自己意识到自己正在或即将要恶补英语，就不如让自己连这个意识都没有，直接把自己扔进去。

你跟自己说我要看书啦，我要膜拜先贤啦，就不如说，迅哥儿，拿你的某篇杂文出来，聊两句。

你发现你昨天信誓旦旦要求自己，明天起，为了健身，为了成为更好的自己，我发誓，每天跑步三千米。

结果今天只跑了三百，对自己厌恶至极，明天拖泥带水跑了一百五，后天干脆放弃。

　　但换一种方式你很容易坚持下来，那就是你的父亲在你小时候，隔三岔五就拉上你：走，跟爸跑两圈去。

　　你不知道自己在坚持，也无须每天都打鸡血下决心，你不拘泥于到底是报班还是找健身教练，但你不知不觉跑了很远很远，因为你随时都能看见，跑鞋就在那里。

　　前几日与朋友在网上说话，他正在加班，又不想下线，拖拖拉拉愣是不肯工作，说是一想到要把那么一大摊任务解决完才能回家，就很糟心。

　　我说我有事先离开十分钟，你先看十分钟工作材料，待会儿我找你。

　　十分钟后，他发来一条信息：今天先不说啦，我发现我看了十分钟材料后，突然就有了干劲。

比调节心态更有效的，是直面问题

1

几年前的夏天，高考临近，妹妹特地打电话给我，想要一些调节心态的建议。

她郑重其事地对我说："送我几句话吧，最好是能起到力挽狂澜效果的那种，比如我在考场上紧张了，心理防线崩溃了，一想起你这几句话，立马就能安稳心神，最好还可以超常发挥。"

我思来想去，也挤不出什么金句来，最后对她讲："你坐在凳子上答卷子的时候，可能会偶尔分心，或者大脑空白几次，每当这时，你就告诉自己，答一道题，再答一道题，再再答一道题，这题不会，暂时跳过去，然后，再再再答一道题……只记住这句话就好，一分神了就对自己重复：再再再再再再再答一道题。"

妹妹忍不住打断道："你这什么破建议，我要的是那种鼓励的话，或者是当头棒喝的警言，以便让自己不紧张；可你这几句也太水了啊，还都是赤裸裸的废话，难不成紧要关头，我就靠这些鼓励自己？"

我肯定答复，并反问她："试想一下，现在你正在考试，突然紧张到手脚发麻，然后你对自己说，加油啊，你是最棒的，高考如此重要，你可不能放弃。说完这话后你什么感觉？"

她真的假想了一番，并坦言："我可能会更紧张……"

我又问:"假如你从另一个角度宽慰自己,跟自己讲,高考也不是很重要,考好考不好都没什么关系,你自己信吗?"

她虚弱地说:"不太信……"

我认真起来,告诫她:"这回记住,考试时如果发现自己紧张了,什么都不要对自己说,只在心里像复读机一样重复一个念头即可:答一道题,再答一道题,除此以外,都不考虑,最后你发现,答着答着,高考就结束了。"

妹妹三次模拟考都是两三百分的成绩,高考考了四百多分,考完以后我问她紧张没,她爽朗一笑:"光顾着答题了,没来得及。"

2

曾经看过一档综艺节目,几位娱乐明星搭档在一起,参加龙舟大赛,距离蛮长,上千米。

由于大家之前都没划过,节目组给他们配了个专业教练,指导练习。几番训练下来,基本的动作要领是记熟了,但毕竟非专业出身,划到后半程就会遭遇体力不支的问题。

比赛前夜,教练将他们集合在一起,做最后的动员。

谈到坚持不住的隐患时,教练说:"明天如果到了后半程,大家划累了,就彼此喊一喊……"

一位队员接过话来:"对,给彼此加加油,鼓鼓劲。"

教练打断道:"不,不要喊加油,也不要喊什么坚持住,累了,想喊了,只许喊动作要领,比如,桨入水,或下腰。"

大家听了教练的建议,比赛到了后半段,果然累了,但异口同声喊出来的,全是动作要领,效果比训练时喊口号要好很多。

原理在哪呢?很简单,真到了那种时候你会发现,加油等口号,喊出来实际作用不大的,越喊越泄劲,为啥?太抽象,也太虚了,更何况这样的话语在生活中被蹂躏过千万次,早已榨干了它的含义,一到用力时喊口号,只剩下一个逆反的逻辑:我在逼自己。

而喊动作要领的作用在哪呢?一句话:够具体。大脑给身体的指令是清晰直接不绕弯子的,一个指令下去,立马给出一个动作,再一个指令,又一个动作,比赛没有那么玄奥的,无非就是一个又一个有效的技术动作,连在一起。

再漂亮的口号带给你的反馈刺激,也不如你亲眼看到船在你一次又一次的完成动作下,前进了一米又一米。

3

我在读中学时,寄宿在数学老师家里。我们俩常常趁空闲的时间,看篮球比赛。

记得一场决赛来到末尾时,双方只有两分的差距,时间剩下十多秒,刚好够最后一攻。成败在此一举,落后方的教练立马叫了个暂停。

我也不太懂球,纯属看个热闹,便有一句没一句地问老师:"暂停时间教练都跟球员说什么啊,是不是变着花样加油打气?"

老师摇摇头,那种话最多也就提个一两句吧,多半都是在布置战术。

我一看还真是，一大帮球员把教练围一圈，看他在战术板上飞速地画来画去。

我笑了："这有用吗？万一待会儿上场后对方球员不配合你的战术，怎么办？再者，把球先传给谁后传给谁，谁负责投篮，听起来挺像那么回事的，可场面瞬息万变，谁能保证准确执行？这布置还有用吗？"

老师说："要按你的分析，确实没啥用，但布置战术的作用，不在这里。"

那么关键的时段，保不齐球员手脚慌乱，大脑短路什么的。这时如果有个坚定的声音告诉他们，待会儿先怎么做，再怎么做，那么就可以把球员的注意力牢牢钉在比赛上，而不是想一些有的没的。

在追分阶段，教练会告诉大家，先打成一次进攻，再防下这一轮防守，决胜的时刻，教练也会跟大家讲，待会谁谁谁需要注意保护篮板，谁要在第一时间落位在哪里，其实这些，球员都知道，但教练还是要说，为的不是让球员百分百做到，而是将他们的思绪，从"啊呀，我们落后了"或"这球投不进就瞎了"，拉回眼前脚边的每一个具体现实的问题，一个球一个球去打，一个回合一个回合去磨，寸步必争，在沉浸专注的状态下，抿着嘴，低着头，咬着牙，完成反击。

4

曾经看过一部电影，讲的是一位宇航员在执行任务时遭遇事故，一个人被留在了火星。

一般的影片情节给出这样的设定，多半都会将镜头聚焦在这个倒霉的宇航员是多么崩溃，多么孤独，以及在这种绝境下，都思考了哪些关于宇宙、关于人生的宏大命题……

然而这部影片比较清奇，导演为我们展示的，多半都是主人公是如何在火星上种土豆，用什么方法获得饮用水，怎么在舱门坏掉后找其他遮蔽物代替，以及如何脑洞大开，用进制法与地球上的专家们研究返航计划，传递信息。

最后，克服了千难万险，宇航员平安落地，在做经验分享时，他说道：

"当我孑然一身留在那里时，我想过我会死吗？是的，当然。而且这是你在加入的时候就要知道的，因为这会发生在你身上。这是太空，它不会顺着你。有时候，就是会屋漏偏逢连夜雨。你会说：就这样了，我就这么完了。这时你要么接受，要么去工作。就是这么回事。你只需要开始，你算算数，解决一个问题。然后你再解决下一个。然后又是一个问题。如果你解决足够多的问题，你就能回家了。"

走出影院后，听到有观众感叹：男主真乐观啊！

这也让我重新思考了乐观的定义：乐观也许不是你在面临状况时或自欺欺人，或避重就轻地骗自己说没事的，我会挺过去，我要笑一笑，我能行。一旦哪里暂时不太行，又出现巨大的心理落差，转而逼自己骂自己。

乐观其实是你乐于且敢于正面地观察问题，凝视横在眼前的矛盾，并让自己安稳下来，戴上手套，对自己说：好的，第一项任务是，找找工具箱在哪里。

多年以前，著名作家阿城写出了轰动一时的《棋王》。情节精彩处高潮迭起，气氛紧张时能让人感到窒息，但与此同时，又能感到他笔触的老辣冷静。

有记者采访他："这样伟大的作品，您是如何创作出来的？"

阿城的回答幽默："我就是坐在桌子前，一句一句地写。"

记者追问："然后呢？"

阿城再答："写完一句，再写下一句。"

是什么让我们的生活闪闪发亮

1

很多读者朋友向我倾诉他们做选择时的恐惧,字里行间总会出现一个"想"字,又紧跟着一个"怕"字。

比如,有的想参加比赛,又怕输了丢人;有的想结识良友,又怕高攀不上;有的人想考研,但又怕考不好,那样就浪费了备考时间;甚至有的还怕考上了,结果毕业后发现不是自己想要的,耽误三年时光;有的想出去闯一闯,又怕闯不出什么名堂;有的想拼搏一次努把力,又怕拼尽全力后,一切还那样……

可人生就是这么吊诡,我们无法让硬币的两面都是字,做什么选择都会有要么成要么不成这两种结果,偶尔硬币立起来一下,还会出现半成不成的尴尬僵局,这真是一种带有残酷意味的正常。

一般面对这种状况,读者能做的,也许就是分析自身条件、潜质,事情的风险程度,成败的概率大小,以及环境趋势等外在因素。

我能做的呢,也就是倾听罢了,充其量再给点儿参考建议,比如,如果有想做但又怕做失败的事,那就想一想下面这两个问题:

如果事情做砸了,那么做砸了的后果,自己能否承受得起?或者现在有点儿扛不住,但五年后、十年后的自己能否扛得住?有一个答案是能，那就放开手脚去做。

如果因为怕做砸而干脆选择碰都不碰，那想象一下五到十年后的自己回望这件事时，会不会后悔，如果会，那就放开手脚去做。

如此这般，我们又是算计，又是假设，又是掂量，很理性地将坏结果所能产生的影响力压到了最低，按理说事情也就到此为止了。

但我还想跟你聊点儿别的，不算建议，只是分享。

2

话说在我小的时候啊，算班级内的文艺骨干，经常要登台亮相。有时候是做主持，有时候做演讲，有时候还说相声演小品，有时候写串联词，写剧本，还当过导演挑大梁……

这常在河边走，哪能不湿鞋呢？所以，有的时候，我做得很好，满堂彩；也有的时候做得很烂，当时那叫一个丢人啊，啧啧啧，尴尬的样子我都不敢回想。

我运动能力一般，但愣是爱参加运动会，小学运动会跑八百米，大学运动会跑五千米，每逢赛事必报项目，可谓有条件要上，没条件创造条件也要上！

可这常在河边走，哪能不湿鞋呢？所以，有的时候，我拿倒数第一，但观众赞扬我精神可嘉，热烈鼓掌；也有的时候，我拿了第五，但老师把我的毛巾肥皂和雨伞都给了跑第一的同学，说是给他额外嘉奖。

我唱歌不好听，但总爱唱；我篮球打得很差，但总琢磨着上场；我样貌一般但不自知，青春荒唐时也表白过几个姑娘；我想学文科就报了文科，想读研就考了研，想在临死前成为一名作家就开始写文章；总之常常是草率出发，但认真行路；只要心念一动，必要听个回响。

唉，常在河边走，哪能不湿鞋呢……所以啊，上面这些事，有的我干成了，爽；但也有很多，搞砸了。搞砸后的心情就比较丰富了：有时候是羞愧，有时候是痛苦，有时候迷茫，也有的时候，想给当初脑袋抽风的自己一巴掌。

我想通过这些经历，告诉你什么呢？告诉你应该上？还是不应该上？或者建议你哪些事情要上？哪些事情不要上？还是什么时候要上？什么时候不要上？

3

我只是想对你说，这么多年过去了，当我回望来时的路，只有它们让我真切地感受到，我活过。

就是这些可叹可笑，有的结果好，有的结果烂，有的结果连好坏都谈不上的事，让我觉得，我活过。

你知道吗？如果你问我，你是谁？我可能都答不上来。我现在还没到记忆力衰退的年龄，但很多事情，我都记不清了。

我不记得我童年是怎么做题的，我不记得需要背诵的全文和立体几何；我不记得我看电视时的样子，我不记得我吃过几顿饭、睡过几次觉，仿佛生命中的很多日子，都被活生生抽干了。

它们是那么苍白，沉默，腐臭，麻木，是那么不过如此，甚至都没什么好说的。

4

但我想哪怕到我七老八十的那一天，到我行将就木的那一刻，我都能清楚地想起另一些画面和场景。

我记得，一个刚学会走路的小男孩，摔了好几次，才勉强扑进父亲的怀里。

我记得，一个什么都想尝尝味道的娃子，生吞了色子，几天后朝爸妈哭喊"我拉'崽子'了"！

我记得，一个正在变声期的小主持人，额头鼓着青筋，用破锣嗓子领着大伙诗朗诵。

我记得，那天下着大雨，五个小伙子手拉手，躺在草地上对着星空唱歌。

我记得那个下午，整个观众席对着一个傻小子喊："二号！二号！"

我记得一个青年查高考成绩时的兴奋，我记得他查考研成绩时的失落。

我记得他有一阶段每天晚上看书到后半夜，终于拿了次第一！然后把报告好消息的伙伴一掌打出三米远。

我也记得，他拿到自己写的第一本书时，蹲在墙角傻乐。

我记得他刚刚走出校门，那副慌不择路的样子。

我也记得他第一次被拒绝，第一次穿西服，第一次给妈妈买项链，第一次坐过山车。

我记得上千人一起对他说：非常好！我记得一个人对他说：咱们不合适的。

我记得他每一次大功告成，我记得每一次功败喝多。

我记得一切能让他感受到自己在呼吸，心脏在跳动的事，无论最终是好结果还是坏结果。

我记得有关乎他能感受到自己存在的所有。因为他才是我。

但其他的呢？那些温温吞吞的日子，那些踌躇犹豫的时刻，那些恐惧，担忧，银行卡上今天少明天多的数字，以及他人的阴阳怪气的议论评说，它们在哪儿？还能想起来吗？

嗨，全都就着饭吃了。

5

当你回想往事，当你午夜梦回，当你用力地搜索，整理自己的记忆，当你也像我一样，偶尔想确认下自己的存在，你终会发现，到底是什么构成了我们的生活。

活了这么多年我发现日子狡猾极了，它总给你发放全是选择题的卷子，煞有介事地暗示你：可别选错了哦，选错了你就出局哦。

你恐慌，你纠结，你举棋不定，你六神无主，你稀稀拉拉地熬日子，谨慎小心地靠完了这一生，闭上眼睛前刚意识到哪里有些不对，它"嗖"的一声抽走卷子，得逞地宣判：时间到了。

当你在另一个空间里窥探人世，攥紧拳头拍着大腿呼号：原来你骗我！分明都是问答题，写了就有分数，明明是用力未必会成功，但只要做事，都会有结果，你却这么把我的一辈子给糊弄过去了！

他摊摊手，耸耸肩：谁让你写都不敢写呢？

6

我的母亲在一天天老去，她也越来越频繁地把一些走到人生尾部的感受对我说。

你知道她回首往事时，发出最多的感慨是什么吗？

她常常感叹："儿啊，妈妈不想你过早地像我一样，觉得啥都没意思。妈有时候想想放弃的那些东西，甭管理智不理智，英明不英明，处于什么原因，或是由于考虑到哪些后果，妈一想到自己当年没做，就觉得白活了。"

每当我想起母亲这段话，都会顺带想起我和父亲的一次经历。那年冬天我回家，父亲心血来潮要带我们一家去冰面上开车。冰封数米，安全倒是可以保证，可当时我已经上了大学，总觉得这事幼稚得很；又可能有人围观，蛮丢脸的，便死活不去。最终拗不过父亲，勉为其难地和一家老小挤进面包车。

那个阳光温热，空气却冷峻的下午，我们驰骋在冰面上，彼此看着对方边笑边叫，左边的人群像是看电影一样欢呼，右边的一道高崖,不由分说地直插在冰面上,壮丽巍峨。

多年以后我常能想起那个下午,不论当时境遇怎样,它都能使我受到当头一喝,且增长勇气了,并以庆幸的口吻提醒我:

你曾活过,你还活着。

当所有人都在努力,希望你同时学会借力

1

一位父亲指着一块石头对儿子说:"如果你能尽全力将它搬起来,我就奖励你一份礼物。"

儿子听了很高兴,尝试去搬,没搬动。

父亲问:"尽力了吗?"

儿子点点头。

父亲摇头道:"我看还没有,你再试试。"

儿子使出全身力气再搬,石头还是纹丝不动。

他无比失落地跟父亲说,他这次真的尽全力了,可还是不行,打算放弃。

不料父亲大笑起来,并提醒他:"我就在你身边啊,你明明可以喊我来帮你搬嘛。"

这个故事虽然简单,却提示了一个很容易被我们忽视的道理:所谓尽力而为,除了从内部用力,你还可以向外部借力。

2

聪明的人,都会借力。

我在读书的时候,成绩不错,但还是比不过班上学习最好的女

同学，每次考试都是我第二，或第三，她常常考第一名。

然而在某次考试中，却出现了"意外"。这个意外，没发生在我俩身上，而是出现在另一位同学那里。结果是，女同学还是第一，我掉到了第三名，第二名被一位黑马同学占据。

可那位黑马同学平时成绩很一般，他是怎么做到的呢？

把这个问题抛给他的时候，他回答得很简单："我就是看第一名怎么学，我就跟着她怎么学啊。"既然她成绩一直很好，多半是用对了方法，那我就也踩着她的脚印走呗，大家智商都差不多，我跟第一名走，哪怕学不好，也学不坏嘛。

黑马同学的话让我脸红了两次，第一次是因为这么简单的道理我却没有想到——成功典型就摆在我前面，自己却一直闭门造车，从没留意过她是怎么学。

第二次脸红是由于我发现了自己之所以没这么做的原因：那是一种很误事的嫉妒心理。

3

优秀的人，都在借力。

读大学的时候，我有幸参观了一次某位教授的书房。之所以称"有幸"，是听说他日常博览群书，藏书量也很可观，能去看一看，也算抬升眼界了。

可当我走进去的时候，一方面，书架上的一些大部头著作以及听都没听过但看起来很高大上的书籍，确实满足了我的初心。

但另一方面，则不免有点儿心理落差了，因为我竟在他的案头上，看到了几本畅销书，甚至还有几本知识分子们不屑一读的成功学、厚黑学书籍。

可他明明是一位治学严谨、醉心学术的名师啊，怎么……堕落到……读这些东西了？

正当我盯着它们走神的时候，教授走过来，且看穿我的心思，解释说："啊，这些书我也偶尔翻翻。"

我禁不住问："可这些书您读着多跌份啊！"

他哈哈一笑："凡是能拿到市场上售卖的书，多少都有点儿价值，尤其是这种畅销书，虽然某些地方挖得不够深，但写得通俗有趣，多读一读，学学人家怎么把理论讲得深入浅出。我平时睡前还会读网络小说呢，嗨，难怪你们年轻人喜欢，那个文笔是真流畅！我也想有空的时候研究一下它们的流行原理。"

我眼见这位年过半百的老人眉飞色舞地跟我谈网络小说，又想起他在课堂上将艰深的知识点讲得游刃有余，心里生发出比来时更真切的尊敬。

4

善于借力的人，总会被这世界偷偷奖励。

读研时有一位好友，性格直来直去，擅长简单粗暴地解决问题。但他也不是没头脑地乱撞，喜欢琢磨，遇到矛盾先找核心，然后直奔过去。

比如，写论文的时候，很多同学都是把自己关在自习室埋头苦干，向往一遍成，被导师催了好几遍也交不上去，临截止前终于搞出来初稿，提交，结果还是不行。

他却快速写出一篇初稿，自然是漏洞百出；但也无妨，立马提交，然后守在导师身边等着修改建议。老师列出一大堆，他回去逐一改过，两遍，提前一个月就把论文搞定了。

求职也很顺利，在毕业前半年的一个假期，他就出去实习了。在实习的过程中，别人都急着干零活，或是磨洋工，图个简历漂亮，他则单刀直入，直奔主管领导和人力部门的人员。

约了几次，终于逮到跟对方吃一次饭的机会。闲谈间，把关于岗位用人需求，以自己目前的水平需要做哪几个方面的提升才能入职贵司等问题，摸得门清，结果三个月后顺利上岗。

工作时抱定一个宗旨：将手上的工作进度和自己目前的业务水平常常汇报给上级，并咨询指导意见。

没事就问领导"我目前哪里做得好，哪方面不好"，"如果我想得到什么，我还需要创造或呈现出哪些价值"，领导也很愿意指示一番，且指出的问题都很有针对性。

于是，他入职不到一年，就开始升职加薪。

这位朋友特别喜欢一句话：看准对方的需求再努力。

5

借力思维不是耍小聪明，借力行为更不等同于钻空子，搞投机。

学会借力,是一种能力,擅长借力,其实擅长的是将周边与自身的资源做合理优化的配置,丰富自身的实力体系。

经过长期的观察总结,我发现我们至少可以从以下几个方面借力。

向环境借力。

比如,聪明的同学会为自己营造一个最能让人专注的学习环境,或是组队搭伙,互相监督,协同前进。他们在目前无法拿出十足的自律水平时,不会自我否定,破罐破摔,而是积极寻找他律。

向人借力。

《奇葩说》辩手黄执中有个习惯,每当与各行业各领域的牛人聊天时,他都会问对方:你可不可以将你那个专业里最实用、最让人耳目一新的理论,用通俗易懂的方式,讲给我听?

聪明的人明白,获得进步最高效的方式,要么是找大神带你,要么多与身边优秀的人在一起。

向工具与资源借力。

中国人民大学新闻学院教授陈力丹先生在2016年新生入学仪式时建议大家:当今时代,最重要的不是记住每条信息,而是要记住获得信息的路径。

现在人人都在网络上获得近乎饱和的资源,而资源的筛选整合,获取路径的归类整理,将成为个体竞争中一项不可或缺的能力。

毕竟,人告别原始,走向文明的分水岭就在于学会了使用工具。

向规律借力。

世界上的任何事物都有它独特的运行法则，只要把握好这个法则，就能够纲举目张，事半功倍。学习有更高效的方法，这些方法就藏在老师和优秀的同学那里。

人际交往有独特的讲究，可以留意身边受欢迎的人是怎么为人处世的，或者读一读相关书籍，并抛却偏见，去粗取精。

这个世界上，除了努力，还有借力。

努力拼身体，借力拼脑子。

当你已经努力到山穷水尽，千万记得，还有借力这一说，也许它可以把你带到柳暗花明。

预支未来原理

1

如果我对你说，人往往在越穷的时候，越攒不住钱，你可能不会相信。

毕竟这与我们的常识相悖：越穷应该越有危机感，越知道勤俭持家啊，怎么会攒不住钱呢？然而在现实生活中，危机感未必会催发出正面的行动，反而容易酿成一种负面的补偿心理。

就拿我小时候吃零食的事来说吧。小时候家里穷，但在我个人的开销上面，也只紧巴了一年，除了那最困难的一年以外，我的零食都能保证足量供应。

有趣的现象出现了：回忆起来，偏偏在那最拮据的一年，我比任何时候都渴望零食。这种渴望是一种心理上的匮乏感，其实未必多想吃，但就是想买。

然而等日子好起来后，家里的柜子上常常摆着很多零食，我却碰都不想碰，仿佛看一眼确认尚有存货，心里就饱了，也不馋了。

背后的深层原理是什么呢？说来也简单。当我吃不起零食的时候，我渴望通过获取和拥有更多零食，来确认自己的日子并没有那么糟，来让自己看起来像个"富孩子"，内在的逻辑是，我通过"有什么"，来印证自己"是什么"。

而当我意识到生活富裕了,我已经算富孩子了,反而就不怎么想吃零食了,整个人反倒节俭起来。内在的逻辑是,我已经"是什么"了,不必再"有什么"。

一些穷人之所以又穷又不俭省,正是掉进了第一个心理定式之中,点菜爱多点,日常爱显阔,其内在都是由于不确定与不安全感催发的补偿心态,即我得通过有什么,来证明自己是什么。这种证明,其实不单给外界看,主要是给自己的,证明完毕,自己就放心了。

而你常见到一些富人反倒穿着朴素,饭菜吃不完也乐意打包带走,是因为在心理层面,他们早已确认过自己"是什么"了——我既然已经算过得好的,那么艰苦朴素就不会威胁到我内心的安全感和确定性,自然艰苦点儿也就没什么了。

2

有了上面的基础,我们再来看下面的现象:为啥比你优秀的人,反倒比你更努力呢?不是说生于忧患吗?说好的哀兵必胜呢?

比如,你发现,学习成绩不好的孩子,反倒贪玩;而那些成绩一直不错的孩子,明明已经领先了,反倒不怎么玩,甚至不用人鞭策,自己就去读书了。

刨除"优秀是一种习惯""坏孩子得不到学习上的正反馈"等原因,还有一个更关键的因素——不确定性与不安全感。

在成绩不好的孩子那里,是缺乏肯定和正面的未来预期的,往往他们在父母老师身边的日子,也不太好过。远处的危机和近处的困境使得他们掉进了第一种心理定式:我得通过获取什么,来让自我感觉到日子还没那么糟,那当下我能立马获取什么呢?成绩的骄傲一时半会儿是拿不着了,那干脆就要短期的享乐。

而在成绩已经很好的孩子那里,充溢着来自父母老师的正面评价,生活也滋润得多。他们已经很好了,就像前文中的富人;并且对于享乐这事,他们是有安全感的,他们潜意识里知道:我想玩随时都能理所应当地玩一会儿,所以精神上就不感到对玩耍的匮乏,就像一打眼就能看到桌子上的零食,反而就不怎么想吃了。

所以在现实生活中,不光有比你优秀的人反倒比你努力;还有比你身材好的人反倒更加自律,比你有先发优势的人反倒喜欢乘胜追击,他们的心理定式都是一样的:既然我都是这么好的人了,那我可以接受付出点儿代价,吃点儿苦头,一分一毫地珍视现在的生活。

而那些走在变好路上的人,由于远方的未来不确定,心理没安全感,三下两下还变不好,自然容易失去耐性,转而追求短期享乐来让自己觉得生活还没那么糟,最终恶性循环,只好破罐破摔了。

3

由此可见,想在任何一个方面变好,变优秀,其实有一个捷径可循,那就是提前让自己知道:你已经是什么了。

心里有了这个底,身份已然被确认,那么正面的行动会自动跟上来配套的。

时间长了你会发现，一个人哪怕开始不配，不怎么胜任，但慢慢就配得上这个地位，慢慢就能胜任这项职务。

为什么？因为在他们那里，自己已然被推到这个位置上，定了。那么我作为员工，接下来要做的就得是这个位置上的人应该做的事，提升自己的行动，渐渐就会跟上来。

比如，你让一个人勤奋一点儿，上进一点儿，为了未来而奋斗，他可能做不到。但假如有一个从未来穿越回来的人告诉他：你将来会赚很多钱，未来的你是一名成功人士，你这辈子注定很赞。然后再说，只是，需要你走一走过程，每天都做好手头工作，专注提升自己，这样才能保证未来兑现，能做到吗？

你会发现，他真的乐意去做，毕竟，在他心中，自己已经是个"成功人士"，那就干脆按照成功人士的日程表去过一段自律的生活。

久而久之，从大概率上看，这么做下去，未来也真的会很不错。

4

很多读者朋友都跟我聊过他们对自己的期待：

有的人说，我想成为一个勤奋学习的孩子；

有的人说，我想成为一个特别自律的人；

有的人说，我将来想成为一名作家；

有的人说，我想唱出特别经典的歌。

我想告诉每一位读者：

不用怀疑，你其实就是一个特别勤奋的孩子，自律其实就是你的性格，你未来就是一名优秀的作家，你的歌唱得已经非常好了。

接下来你需要做的，只是偶尔想一想：

勤奋的你，每天会做什么？按照这个要求去做。

自律的你，会吃零食吗？当然不会，那不是你性格。

已经身为顶级作家的你，怎么可能不在日常练练笔呢？

作为引领乐坛潮流，肩负提升全民音乐素养的你，是不是得常常练歌？

不用眼巴巴地奢望自己变成什么，告诉自己，或者假装自己已经是了，然后就按照理想中你的样子，去生活。活着活着，你就真的是了。

如果前路未必明亮绚烂，愿你起码能够走得安心

1

一位读者朋友在网上发私信跟我说，他考研失败了。分数已经相当高，无奈目标院校的标准更高，最终还是差了那么一点点。可就是这一点点，让他为之付出的一切努力都打了水漂。

谈起自己被调剂到了一所既非211，也非985的普通大学，还被换了专业，他难掩懊丧。想起父母亲人对他的期待，惴惴不安。

复盘自己人生的前二十来年：书也没怎么读好，经历也不够丰富光鲜，本来就相貌平平，大学期间脸上起了青春痘，不好意思追女孩子，一段正经恋爱都没谈过，而且自卑心理让他这么多年都不怎么喜欢社交，朋友也是少得可怜。

前前后后这么一清算，他对自己人生的上半场只用了"失败"二字来概括，展望竞争即将更加激烈、不确定性越来越大的下半场，他说自己又颓又茫然。

其实，这不是我第一次收到这样的信件。有很多年轻的读者朋友都对我吐露过类似的烦恼，有的是在考试后，有的是在临考前。

其中最年幼的孩子，今年刚读初三，也是满腹忧愁地念叨着，距离中考还有多少多少天了，自己的成绩好像还不够上重点，这要

是考不上重点，估计一辈子都瞎了啊，怎么办怎么办？

说实话，每次我听读者朋友讲起这样的心事，都很想回复一句：没事，该怎么学怎么学，正常走就行，人这一辈子啊，说起来太长了，从一面看上去仿佛每一步都决定着你的命运，可从另一面看，好像无论多重要的一步出了差池，都不至于让你彻底玩完。

无奈这话听着太玄虚，就不好意思开口讲。但仔细分析一下：如果步步都夸张到足以改变你的命运，那即便这步踏坏了，根据"步步决定论"，下步重整旗鼓，还是能变好的，这就是新的必然。

无非需要点儿时间。

2

我的家里，曾发生过一件令我瞠目结舌的事。大约是在我刚上中学的时候，母亲就患上了重病——系统性红斑狼疮，可以说是不死人的癌症，只能靠砸钱。

前后求医问药十多年，让身为农民的父亲背上了巨额债务。开始家里还瞒着我，后来念高中时的某一天，我偶然听到了那个天文数字，先是口腔溃疡了一个星期，平复下来后，真的替父亲绝望：那么大一坑，他小小的一个人，什么时候能填上啊？

当时我就做了父债子还的打算，决定毕业后十年再结婚，先帮家里把债还清。可还没等我大学毕业，一次放假回家，跟母亲闲聊时她竟然告诉我："咱家从今年开始，就没饥荒啦。"

惊得我以为她在说什么善意的谎言，反复求证后还狐疑地追问："怎么可能呢……那么多……怎么还上的啊？"

母亲也被我问住了，坦诚地重复着不知道。

等到父亲回家，我又问了一遍，父亲也总结不出什么先进经验，只说："就一点点还呗，一天天干活，干着干着，还着还着，八九年？不知不觉就还完了啊……"

那晚吃饭时母亲想起这事还不无感慨地说了句："你看这人啊，还真是没有过不去的坎。"

后来我听人调侃心灵鸡汤时说：那些文章反反复复就一个道理，困难总会被一点儿一点儿一点儿一点儿一点儿一点儿……一点儿一点儿解决的。

我听后也乐了，不过这还真是一句被我家证实过的至理名言。

3

记得多年前的一个晚上，我趴在小屋的桌子边写作业，听隔壁房间的母亲对父亲哭诉："好好的日子毁成了这样，什么时候能翻身啊？"

父亲叫了母亲的全名，用家乡的方言对她讲："咱们就奔吧，把头一埋，就干吧，咋过糟的，我就能让它咋过好。"

前些天我还听到了另一个地方的方言，和父亲的话有异曲同工之妙，叫耐得烦，霸得蛮。

之所以对这两句话印象如此深刻，仍是来自实践。

记得我刚刚大学毕业的时候,也是穷得叮当响,跟前文中提到的读者朋友状况类似,与报考院校失之交臂,经济上也举步维艰,可以说被没走弯路的同龄人甩开了两三年,总结起来一句话:周遭一团乱,前路一片暗。

可后来一没大彻大悟,二没烧香拜神仙,甚至都没有一股脑连日熬到后半夜的力挽狂澜,就是每天都好好过,认真过,一点点提升自己,一点点改善环境,慢慢地就从生活的阴霾里走出来了。

跟我相熟的朋友事后问我有没有啥感慨分享一下,我老实交代,感慨倒没有,但这段经历给我的心态上带来两种改变。

第一,我对自己更有底了,精神更有韧性了,我感觉我以后多大的难处都能挺过来。

第二,我开始相信时间。

诺贝尔文学奖获得者吉卜林写过一首诗叫《如果》,里面有这样一段话:如果你能看着你为之付出一切的珍爱,被人摧毁,然后俯拾碎片,用老旧的工具去细细修补……从零开始,从不言败……那么,这个世界就全都属于你。而你,我的儿子,也终将长大成人。

初次读来,丝毫无感,被生活的铁锤锤打了几次,越发感受到文字背后潜藏的蓬勃,所以每次写作课结业,我都会把这句话送给我的学员。

4

记得有一次和老友聊天,谈起青春往事,两人都不约而同地表达了愿望:真想穿越一下,再过一遍。

他说他想穿越回大学,我说,我还想穿越回高三。

他问我,遭罪没遭够啊,还想回去再来一遍?是不是心里有遗憾,想重读考个清华北大啊?

我说不是,课堂上的那点儿东西早被忘干净了,真穿越回去可能连重本都考不上;但哪怕没有当初考得好,如果有机会,我还是想重来一遍,哪怕只是,回去看看。

朋友更疑惑了:"那你回去干吗啊?"

我说,现在想起那时的自己啊,好慌张,好可怜,那时的咱们少不更事,总觉得遇到点儿什么事这辈子就不行了,总是那么战战兢兢,吃到肚子里的都是食物,不是饭。

我真想回去拍拍那时自己的肩膀,对他说"没事儿,踏踏实实的,别怕也别急,该学学,该睡睡,不存在考上大学就是登天的美事,也不会因为大学毕业浮沉两年就完蛋;没有一劳永逸的成功,也没有一去不复还的绝境,你要面对的一切,只是认真对待每一天"。

是的,我欠当初的自己一份心安。

记得小时候爱放风筝,但风筝线时常被我日积月累地搞乱成一团,几乎是死结连着死结,看一眼就心烦。

可每次姥姥都拿着那个复杂的线团,坐到一边去耐心地解,一点点地捋,有时候一理能理一下午。我自然熬不住,上去劝阻:"别解啦,这么乱糟糟,一辈子都解不开的。"

　　姥姥笑了:"你才多大啊,哪知道一辈子是多长。"

　　我说:"买新的吧,您看您大半天都没弄好。"

　　姥姥说:"你花了半个月的时间把线弄乱,怎么,轮到姥姥帮你解开,却只给我半天时间?"

　　事实证明姥姥是对的,无论我弄得再乱,她总能解开,一点儿,又一点儿。

　　长大后的我,也时常能想起姥姥那安稳的神情和手里的线。

SIWEI PIAN

问题型思维只能让你战战兢兢地保持着衣服的雪白,
不断回想来时碰没碰到脏东西;
成长型思维却能让你找到洗衣粉,
进而昂首阔步朝前去。

Chapter 3
思维篇

摆脱观念的束缚，才能走向更加开阔的天地

1

记得在读大学时，修过一门新闻写作课。课上，老师布置了一项随堂练习，要求大伙写一篇简短的消息。

每个人都郑重其事地拿出本子，翻开新的一页，编辑自己的作品。老师也走到台下，四处巡视，有先写完的便举手示意，她当场检查，当场给评语。

前几名提前完成的，都会享受到大家的一句"哇，这么快"，然后被全班同学行注目礼。可有一位同学，刚刚举手，却引发了哄堂大笑。顺着笑声望去，原来他把作业写在了卫生纸上——那种成卷的纸，本是冬天用来擦鼻涕的。

老师一脸严肃地走过去，用手掌托起那片寒酸的纸，一行一行细细读。可能是这种反差更显滑稽，同学们笑得也更大声了。

在这片带有传染性质的笑声中，那位同学仿佛被隔离，只是淡淡地说声"我本子用完了"以做回复，脸上丝毫没有害羞的表情。

多年来，这幅画面一直印在我脑海里，每每回想起来，都很感激那位老师没有随大伙一起笑，更常对那位同窗生发敬佩之情。

敬佩同学的原因在于，他没有被一些虚的东西唬住，在实际需

要的前提下可以做到不被形式捆绑，并懂得人言不足恤。

感激老师的原因在于她用自己的态度和反应教会我们一个道理：黑猫白猫，逮住耗子的才是好猫；内容不行印在书上也是垃圾；好的文字哪怕写在擦屁股的纸上，也算作品。

2

曾有读者朋友问我："你觉得什么才算思想自由，人格独立？"

我想了想说："脚下有自己的节奏，脑子里有自己的主意，甭管周围的人跑得多热闹，他知道自己要去哪里。"

然而这样的人又太少了，更多的人都是执着于形式，受困于成法，惮于人言可畏，毁于沽名钓誉。

我在读高中的时候，曾连续三次拿过学年第一名。虽然成绩可喜，但自己总感觉哪里不对，就像一袭华袍下，藏纳着很多污垢和问题。

结果这个问题被我的一位老师一语道破。某天他把我叫到办公室对我说："你现在成绩是第一，但你还不如第四名的同学。"

我有点儿不服气，他继而解释道："我看你现在为了保持住这个名次，每天都在苦学优势科目，你可能是觉得把时间投入在这几科上，见效速度快，利于成绩保持；而那些劣势科目，由于冰冻三尺非一日之寒，可能一两个月都提不上去，就被你战术性地放弃了。"

可你知道吗？有一种失败叫从一个又一个暂时性的战术胜利，走向了一个更大的战略陷阱。

如果你把注意力集中在维持第几名上，就会骑虎难下，再也没有了优化方法，改善成绩结构的机会和余地。不要只图父母同学一时的欣慰或叫好，便只在名次上较劲。那些都是浮表的东西。

　　你自己知道自己哪科的哪个环节薄弱，就给自己一点儿名次暂时下滑的空间，腾出时间去加固那部分的基础。

　　在这个过程中你可能会听到父母感叹："哎哟，孩子成绩怎么下降了呀？"也可能会听到同学说："看来啊，你还是不够行。"别在意，忍一忍，排除压力干扰，按自己的计划进行，一切的宗旨都聚焦于提升自己的硬实力。

　　我吃了老师给的定心丸，高考果然拿到了不错的成绩；多年后我也听到了一句类似的箴言：我们得拿出壮士断腕的勇气。

3

　　忘了是在哪里看到过这样一句话：最糟糕的人生，是在一阵阵喝彩与点头中，走进悲剧。

　　刚开始还不太懂，直到我在现实生活中，一次次见到这样的案例。

　　有的人为了避免离群独行，明明对文科感兴趣，硬着头皮学理。

　　有的人为了享受"勤工俭学早当家"的美名，放弃提升专业水准或暂时不见回头钱的实习，选择把传单发到腻。

　　有的人为了迎合父母的心急，明明想再深造一下，还是忙不迭地找了一份不喜欢的工作。

有的人为了赢得同窗们一时的仰慕赞许,为了赚快钱,把自己绑到一份门槛和天花板都极低的职业上去。

几年后呢?议论你的人都散了,甚至他们的观念都变了,没有谁会对你的人生负责,只留下你自己。

你的路越走越窄,周遭一大堆不喜欢的事物,恨不得时空穿越一下提醒过去的自己:要沉住气,放长线,钓大鱼,聚焦自己真正想要的东西。

可一切都已经来不及。

4

几年前曾出现过几条令舆论哗然的新闻。

比如,某某名校学子毕业后选择养猪,某某名校学子毕业后选择开饭店,某某名校学子毕业后选择出家,某某名校学子毕业后回家种地。

当时不少人都在说"啊呀,大学白念啦""嗨,没想到名校出来的也这么没出息"。

时至今日,还有人议论他们、指摘他们吗?不,每个指指点点的人,包括他们的朋友,也都回到了自己的生活里。

况且,谁说养猪种地就是没出息呢?

君不见受过思维锻炼的人经营养猪场都比常人有条理。

种地与种地也是有区分的,曾亲眼见到一位大学生把学来的知识用到了农产品网络运营上去。

再把时间推回去,当时的他们,真的是大学白念了吗?不,这才是我们顶尖高校大学生应有的样子与气魄:不畏人言,多样性选择,瞄准自己的人生方向,然后坦然坚毅地走过去。

反倒是某些连这样的事情都嘲笑的人,大学才算白念了——毕竟读了大学的你还在被既有观念和刻板印象束缚,大学四年都没培养起你的自主和独立。

《风俗通义》中有一则典故,叫作《杀君马者道旁儿》。意思是有个人骑着自己肥硕健壮的骏马外出,路边的人看到了,纷纷拍手赞赏。间有孩童称赞:嚯,这马跑得真快!这人骑术真高!

马主非常喜悦,加快了骑马的速度,道路两旁的喝彩声更加热烈。结果,马被跑死了。

我想,多年以后,面对走断了的双腿,马主常会想起骏马丧命的那个下午,继而扇自己一耳光,喃喃道:"唉,有什么用呢?"

你不必解决掉所有问题

1

某年生日,爸妈给我买了身新衣。它好看是好看,但太白了,很容易弄脏。穿上它,每次不小心沾到一丁点儿污渍,心里都"咯噔"一下。

久而久之,这身华服对我而言,更似手铐脚镣,为了让它保持干净,恨不得套层塑料布在身上。

一次去亲戚家串门,长辈叫我坐我也不敢坐,吃饭时全身尽力向后靠,再把脖子探出去。回家后,母亲问我为啥最近不自在。

我直言,就是怕衣服脏啊,脏了就不好看了,偏偏你们买的衣服还就是容易脏……

母亲笑了,对待这种问题,有俩办法,一个就是像你这样,为了让它保持干净,避免跟一切物体接触,可这么日防夜防,哪怕真的长时间保持好一片雪白,心也累垮了。

还有另外一种办法:勤洗。穿白衣服呢,容易脏是肯定的,但没关系,你正常去穿,我们可以多换下来洗一洗嘛。

这就像是人感冒,感冒是什么原因?可能是接触到病毒,接触到细菌。

按理说对症下药,有这种隐患就应当杜绝,然后大家都关起门来，一动不动，哪儿也不去。可为啥大伙还都出来活动呢？而且也没见谁天天感冒呀。

就是因为，大家发现对付疾病除了从负面的角度隔绝病因，还可以从正向的角度，比如多吃水果蔬菜，多锻炼身体，提高自身免疫力。

你不可能一辈子活在理想状况下的，就像不能奢望通过大扫除一番与长年累月的谨小慎微来保持室内清洁一样。

有的问题可以通过解决来处理；有的问题呢，可以放在一边，通过让其他事物的大而显出问题本身的小来，直到让它不算啥问题。

2

读中学的时候，参加一次演出，需要全班同学合作一场舞台剧。剧本是我写的，老师就叫我当导演。

可我小毛孩一个，也没啥经验，更难办的是，我打小一根筋，但凡什么任务交代给我，使命感很重，且不懂得变通。

这颗定时炸弹在一开始就炸了——动员，排练，分工，组织，只要涉及与大伙沟通，立马会遇到阻碍。

积极点儿的同学各有各的想法，意见老不统一，懒怠点儿的同学，则要么嫌累，要么挑毛病。

我更是没法自处：风格宽一点儿就被钻空子，没效率；严一点儿则被说有官瘾；顾着这拨人的感受那拨人不领情，满足那拨人的需求这拨人的关过不去。

实在没办法只好分别对待，拿不同的标准来要求有差别的同学，不料更坏，又被说不公平。

我找老师撂挑子说："这活我不干了，干不下去。"老师了解情况后对我说："是你把自己绕进去了啊。你不要求三百六十度无死角，也别怕沾灰，否则就会被这些细枝末节牵着鼻子走。老师找你来做这事，就是尊重你的想法，关于内容的想法，你要像钉子一样扎进去，甭管遇到什么，把自己的想法坚决执行。"

我听话照办，最后表演很成功，比这更惊喜的是，同学们反而都忘却了排练过程中的一些摩擦，连不积极的同学回过头来也对我说这事有意义。

事后老师又对我强调了一遍：记住，不是每一点问题都需要去费心，把精力用在正地方，造一个更宏大的事物把小问题都盖过去。

3

有很多读者向我倾诉苦恼时，都谈到了自己的性格问题。比如，有的说自己性格内向，不善言辞，学过不少方法看过不少沟通类书籍，可还是嘴笨，自己都嫌弃自己。

与此相对，还有的嫌自己嘴不够笨的，口舌太过凌厉，快人快语直肠子，听无数人告诫沉默是金，但愣是管不住自己。

在这里，我想给大家讲两个人，这俩人跟大家一样面临类似的问题，但听完他们的故事，你可能会有所得，不关乎技巧，关乎的是心理。

第一个人是我读书时的一位同学，典型的内向患者，一天说话超不过二十句。到职场上都没改过来，至今没学会祝酒词和拍马屁。然而，他与同事们相处得非常好，晋升也相当顺利。

为啥呢？不是说嘴大吃八方吗？很简单，我这位同学，他不会说，但会听，听完后就烂肚子里。

久而久之，都觉得他靠谱，谁都拿他当知己。领导同事知道他不善言谈，自然在这方面就不要求他什么，他就安心提升业务能力。时间一长，领导一看，这人不招灾不惹祸干活还利索，哪怕不升职位，也给他加年薪。

4

第二个人就是我父亲，极度外向，特别爱说。对外是不管跟谁都能攀谈两句，但说多错多，偶尔吃亏碰壁；对内则是刀子嘴，加持我们家特有的倔脾气，跟长辈都犯过急。

按理说，这简直算不得了的性格漏洞，不彻底改正的话，相当于给自己的人生判刑。

可父亲一路走来，也是坦然坚毅，不仅没吃啥亏，还占到不少性格劣势的便宜。

为啥呢？很简单：他在外面说得多，开始的阶段确实会得罪人，但时间线一拉长，由于实践次数和反馈率都颇高，自己在这种日复一日的磨炼中就总结出一些规律，越往后越游刃有余。

而且说得越多，就越不顾忌自己的面子，这又有技巧又务实，很多棘手的情况都能被他三言两语挡过去。

对内呢，家人也越来越理解他，渐渐从刀子嘴后看出豆腐心。且由于他不屈从权威，事事讲理，有很多被亲情关系搞乱的矛盾，别人处理不好，他都能化解，慢慢在长辈那儿都积累起了公信力，毕竟，大家还得看谁能办事情。

我举这两个例子是为了告诉大家：每个人都不完美，但并不是说只有完美的人才能活得好。

你无法摘掉身上所有的毛病，但与此同时，你也没必要都摘干净。

关键是什么？关键是带着毛病上路的人，懂得在过程中发挥优势，规避劣势，尖锐放在人身上叫刺儿头，放在刀刃上就叫锋利。

一个合格的将军，不是要把所有的战场都打造成我方的优势战场；懂得把敌军引导到我方的优势战场上来打，才算真正的高明。

5

很久以前，由多国学者组成的调研队伍，想专门研究一下如何帮助落后地区的孩子，以免使他们过早堕落的问题。

最开始他们想找到致使这些孩子堕落的病因，然后对症下药。毛病倒是挑出不少，比如家庭环境不好，师资力量不行，硬件设施提供不足，管理不成体系，等等。

可数十年过去，哪怕很多问题都被重视起来，情况仍不见好转。

后来，学者们恍然大悟：我们一直聚焦的是问题和漏洞，却从没研究过正面典型。有堕落的,也有没堕落的呀,那些没堕落的孩子,是怎么做到的呢?

由这个思路引导,学者们调查总结出了一套经验规律,并推而广之,没承想效果好得出奇。

你看,与其纠结于那些让我们暗淡的因素,企图消灭它们,不如抽出精力来,好好地总结那些能让我们发光的原因。

问题型思维只能让你战战兢兢地保持着衣服的雪白,不断回想来时碰没碰到脏东西;成长型思维却能让你找到洗衣粉,进而昂首阔步朝前去。

手机给你挖下的四个认知陷阱

手机,又名移动终端,是如今互联网内容的载体与通讯社交工具。越来越多的人离不开手机,越来越多的人开始意识到沉迷手机的危害性。

然而,大多数人的认识,仍停留在损伤视力、干扰睡眠、耽误时间、不务正业的泛泛水平。

其实,手机给人带来的最大影响,是其形式与内容对人心理上的养成效应。这种影响,集中体现在以下四个方面。

第一,干扰你对时间的认知。手机给人带来的第一个影响,是让你对时间的感受扭曲变形。这种对于时间失准了的判断,大部分由其操作形式养成。

手机作为一种便利性超高的技术工具,操作上的最大特色为即时反馈。想查什么资料,只需一秒,即刻弹出。想看一段视频,办个会员的话广告都可以任性跳过。约朋友不必见面,奔赴千里;饿了的话只需灵指一动,骑手只距离你数百米。

几乎所有你想要的一切,在手机上都可以实现立等可取。

诚然,这种魔法般的方便对每个人来说都算好事。但很少有人注意到,这种方式的不断操作,正在一点点侵蚀你的耐心。

因为当你放下手机,走入真实生活,发现那些生命里重要的事情，往往会慢太多。

　　此刻，你会感到极大的不适应，这种不适会让你做事操切，且致命的是，那些无法提速的东西，正是我们生活的两大主题：求生和感情。

　　技能的真正提升可不会像网页弹出那么快；一个小时内双击三百次666也未必够让你走进一个人的内心。

　　然而泡在手机溶液中太久，人就会觉得一切的速度压缩是那么理所当然。你会痛苦，会心急，会觉得一切都在浪费时间，拼命舀起光阴的河水，唯独忘了已经变成竹篮的自己。

　　第二，模糊人对概率的认识。被互联网黏久了的现代人，比以往任何时候都期待万一，也比任何时候都害怕万一。

　　这种看似矛盾的两种极端心态，其实都因为互联网内容的洗礼，让人们忽略了一条"死人不会说话"定律。

　　网络信息提供者需要吃饭、交房贷、赡养父母教育儿女，所以他们需要广告主来投放资金。广告主需要他们的流量来销售商品，而流量需要博人眼球，博人眼球则需要抛射小概率事件与耸人听闻的标题。

　　于是，在受众心中，中五百万的概率要远比一千七百万分之一大很多，因为大伙都觉着，那个新闻里的主人公很有可能是自己。

　　有趣的是，在受众心中，努力没什么用，努力了全程最终结果会不错的概率也被无限缩小了，因为打开接收器，全是运气、法门、出身、导致成功的当事人发出的声音。

越来越多的人不肯相信大概率，大概率就像空气，由于其正确性太过平常故而不被珍惜。然而推翻大概率的孤例却会让传受双方皆大欢喜，一个觉得新鲜的就是对的，另一个的银行卡余额多了一个零。

第三，营造躯体代替，提供假性便利。很多人都说手机很可怕的一点在于让人忽视运动，宅在家中或办公室的椅子里。

然而比这更可怕的是，手机会让你觉得，自己并不是宅族之一。

你刷朋友圈看到很多旅游照，仿佛自己已经旅行。你看综艺看着人跑到风生水起，心跳加速目光闪烁，就像自己刚跑完五公里。

代入感使人忘掉了自己被代替，它给我们的错觉是，看有趣的人生活等同于自己有趣。

然而比这更有趣的是，当我们刷手机刷得高兴，大脑处于高光状态，碎片化的方式让人察觉不到神经被拉紧，因为每次都是小步伐，但高频率。

久而久之，一天下来，精神活动是超额的，躯体活动是不够的，前者让人头脑疲惫和焦虑，后者让你的体力仍有过剩的盈余，于是我们就看到了很多人睡不着的真正原因。

手机好像每分每秒都在帮人节约时间，然而相比于这种理想而言，现实却是，大部分人用手机帮你省下来的时间，去继续玩手机。

就像孤立的一次网购行为确实在帮你省钱，只不过消费者往往会用网购省下来的钱,去购买更多的商品。

第四,塑造虚假需求与虚假真实,勾勒拟态环境。如果说断舍离的流行可以让人恍然大悟:原来我并不需要那么多东西。

那么人迟早也会发现:原来我并不需要那么多信息。

如果人在网上的浏览足迹可以列成清单每日发放,我们会发现自己一辈子的三万分之一被哪些东西占据,比如,明星离婚复婚再离再复婚再离,你怎么看?下面一大堆:不相信爱情。你听过哪些让你感到奇妙的姓名?被卡车拖行三千米是种怎样的体验?震惊!这位编辑写标题居然没有用震惊!

当我们在用真金白银的时间去浏览以上的信息时,它们似乎个个都很重要。然而当我们事后稍加回忆就会发现:哪一项真的与你周遭的现实生活构成紧密联系?

如果说塑造假性需求只是一种占用注意力资源的小把戏,那么塑造虚假真实可能会让你活在拟态环境里。

平平常常的日子不会出现在屏幕上,屏幕上只有出轨和偷情。任何的内容创制者不会去写"公公婆婆对我还凑合,还可以",网上只会有针尖对麦芒的婆媳关系。人们越来越不乐意相信"谁都有找人帮忙的时候""人与人相处难免会有点儿矛盾和摩擦",因为手机在不断对你说:贱人就是矫情,闺蜜在憋着坏水儿害你。

谎言重复一万遍就是真理,有选择性地展露世界的某一个边角,也会让人以为真实生活的全貌就是这样的风景。

比这更有深远影响的是求什么得什么。

拟态环境不断熏陶着人的判断，这种虚假的判断会让人的行为发生相应的变形，而人的行为是会反馈到真实环境的，最终的结果是，拟态环境一点点变成了真实环境。

不知道什么时候理想与生活方式只剩下那么几种模式，不知道什么时候人的多样性开始趋同单一。

借用《盗梦空间》里的台词：你还记不记得，自己是怎么来到这里？

有时我们会不理解：手机嘛，小小的一个物件，咱们大活人怎么可能被它操控住呢？

究其根本就在于，恰恰因为使用这个物件的是大活人，操作主体具备人的贪婪、求快、懒惰、不安、猜忌、自我印证、自我麻痹。也就是说，真正能控制人的且在控制人的，不是手机，而是人性。

而能摆脱这种束缚的，是每一个敢于踏出牢笼，走向真实生活，具有批判思维和独立思考精神的，珍贵的你。

重要的不是前提，而是你在前提下做了什么

1

高三备考阶段，大伙最不爱上的就是地理课。主要原因有两个：一个是相比于历史、政治这种比较容易上手的文科科目，地理有点儿理科的味道，说白了——要求动脑子的地方多。另一个则是时间设置：当时我们的地理课大部分被安排在了下午第一节，相信很多经历过夏日读书的同学，都知道那意味着什么。

困倦，抵触，生涩，外加老师那浑厚的嗓音，自带催眠效果。往往是课程进行不到十分钟，成绩差的同学就开始以头撞桌；哪怕是基础好的同学，在被问"听懂没"时，也会愣上四五秒才反应过来，气虚地回应声：懂……懂了？

某天，当这番颓丧的景象再次上演，地理老师做了一个令所有人都目瞪口呆的决定：不讲了！

大伙面面相觑，心想可能老师也困了，或是对我们失望透顶，打算破罐破摔？紧接着，老师发出第二道命令：拿出纸笔，抄这道题的答案！

一位同学在台下开始犯嘀咕："想放弃我们就直说，干吗拿这种方式应付呢？"老师语气坚定道："抄，也是种收获。"

那就抄吧……

开始还有点儿效果，毕竟抄一遍确实会加深印象，可抄着抄着，脑袋又锈了，又有同学开始以头撞桌。

老师当机立断："来，抄差不多了，现在大伙把书翻到某一页，我们集体朗诵一下这段话……"集体朗诵？这不是小学生才干的事吗？"这这这，太没水平了！"教室里炸开锅。

可老师的态度仍是强硬得很，我们只能照做，于是，炎炎午后，抑扬顿挫的朗读声响彻了校园的每个角落。

那年高考，我们班的地理平均分比其他班级高很多……

2

很多年过去，当我回忆起这段经历，还会觉得地理老师没水平吗？

不，他太有水平了。

当他发现一个瓶子里塞满石头，导致再也无法增加瓶子重量时，他懂得塞进一点儿沙，再灌进一些水；而那个糟糕的午后，并不是只有我们一个班在经历着，最终能脱颖而出，就是那点儿微不足道的沙子和水，起到了效果。

地理老师的教学方式教会我们一个道理：当前提是普遍前提时，前提是什么就不重要了；重要的是，在这种前提下，你能做什么，且做了什么。

后来妹妹备战高考时，也经历了我们当年学不进去的状况。她向我抱怨，每天能有效学习的时间太短，大部分时候都状态不好。

我把上面的故事讲给她听，并对她说："永远不用担心状态好不好，因为即使在状态不好的前提下，你仍然可以做点儿什么。"

做不下去题，可以抄抄答案，看看人家是怎么想的；答案抄烦了，可以出声地读读书；书也读腻了，可以换一科，总之任何状态下，都总有那么点儿事适合你去做。

也许真的到了战场上，能帮你拉开差距的，就在于当所有人都状态不好时，你做了什么。

3

几天前有读者朋友问我：在这个颜值即是正义、处处以貌取人的时代里，我们这群相貌捉襟见肘的人，该如何生存呢？

我想，这位读者朋友只把前提说对了，诚然，毋庸避讳：这就是一个以貌取人的时代。

且不光是今天，任何一个时代、国家、群体、个体之间，以貌取人都是存在的。但外貌好比一张试卷，其中五官的标致程度占30分。人群正态分布，能拿下这部分分值的，多半是在出生前被老师划重点了，这部分人并不多。身材和气色占30分。人类对同类的审美，潜意识里要照顾到优良基因的传播，所以健康健美的人在我们眼中就可以说是好看的。穿衣品位和个人气质占30分。人靠衣服马靠鞍，衣着干净得体，搭配扬长避短，也可在外貌上搏一搏；另以自信乐观，良好的言谈举止加持，总会不错。另外的10分算附加题,当你发现一个人因发挥其价值,或专注于某事而呈现出一段高光时刻,哪怕他相貌平平,你也会脱口而出一句:太帅了!

你看,除了那30分的部分,有70分都可以被你掌握。但我们总会盯着那30分的前提条件,便连70分都不要了。

也许你会觉得,那我即便做到了70分,可万一有先天优势的人做到了100分呢?

第一,把能攥住的攥手里,先让自己做到70分再说。

第二,在现实生活中,有70分的外貌,干啥都够了。

其实任何事情都是这样,总有70分是留给你的。很多人因为看到那30分的不公而担心70分拿了也白拿。

然而,比白拿更可悲的是你没拿,最后又听到人家说:要求不高,60分以上就行。你掐着0分的试卷,肠子都悔青了。

4

曾有一次我去一位老师家中做客。去之前他有点儿不好意思地跟我说家里小,别见怪。可当我进到老师家里才发现,他太谦虚了。

客观事实是,确实不大,五六十平方米的样子。可能动性方面的优势立马显现出来:我老师不知用了多少办法,将房子装修得跟百平方米的人家都差不多。布局科学又漂亮,合理用尽了每一寸的空间功能。

环顾了一圈的我在心里不由得感叹:这生活态度真不是随口说

说的东西,这是能当钱用的。

吃饭时我对老师讲:"您是标准的斯多葛——把一切自己能控制的事做到了极致。"老师笑笑说:"瞎琢磨,瞎琢磨,老天爷负责分给我多大的地方,我负责琢磨。"

回去的路上,我想起了一个故事。

那是美洲印第安切罗基部落的一个传说:一个老爷爷跟他的小孙子说每个人的心里,都喂养着两匹狼。第一匹代表着善良、奋进、乐观、向上等美好的品格。还有一匹代表着狭隘、悲观、绝望、抱怨的选择。小孙子听了,自然就会问爷爷:"那这两匹狼谁更厉害,更强大,谁最终会打败谁呢?"老爷爷笑着答道:"关键看你这一生,是去喂养哪一匹狼了。"

生活一直在向我们抛送各种各样的前提,我们通常都为这些前提失落,以为它们是结果,且认为它们已经成为固定不变的。然而,前提之下的你,仍然有选择,你选择喂养心中的哪一匹狼,才会带来真正决定性的结果。

在生活强人的脑海里,前提条件只会出现一秒。因为他们大部分思考的是另一个问题:在这样的前提下,我还能做点儿什么。

佛系遍地，人生还有什么意义

1

曾有不少朋友问过我同样一个问题：生命的意义是什么？我们奋斗来，奋斗去，是图个啥呢？

生出来没几年就开始读小学，读完小学读中学，读完中学考大学，大学毕业找工作，工作以后攒钱买房娶老婆，生个娃，就此过上了上有老下有小中有中年危机的日子。好不容易都熬过去了，自己也老了，医院住上几个月，两腿一蹬，人走了。

全程看下来丝毫没有乐趣可言，也没啥值得你努力操心的地方，跟还债似的。

你说，活着到底为什么？放下屠刀立地成佛不好吗？这么累，世界上的人为啥都不隐居山林呢？

类似这样追问意义的问题不少，但我一条都没回答过。并非没有答案，只是这个答案，不好说，一说就错，一碰就没有了。

2

记得高考结束的时候，爸妈为了让我放松一下，带我去了趟游乐场。我从小到大都没坐过过山车，那天父亲说什么也要让我体验一把。

可一方面，我心疼钱，有那个钱能吃好几顿饭呢。同时，我也真心觉得这事没啥意思。

于是，当父亲拉着我去买票，我便死活不去，父亲也急了，反复追问："来，你告诉我，你为啥不去？为啥不去？"

我底气十足反问道："您告诉我，我为啥要去，为啥要去呢？"

父亲一愣："因为……好玩呀。"

我说："我可不觉得，有啥好玩的？那不就是把人绑在一只凳子上，然后用机器来回晃悠你，让你害怕吗？玩完以后啥也捞不着，就花钱买了回害怕，这有啥好玩的？把人绑凳子上让他嗷嗷喊一阵子，就好玩了？"

父亲哑口无言，想说什么又说不出来。

我终于得逞，自以为抓住了问题的命脉与实质，且对他下结论道："回家吧，家里也有凳子，晚上把我关屋里我喊几嗓子就是了。"

这话彻底气坏了父亲，他扬起大手暴喝一声："你给我坐！"我便老老实实地坐了一次过山车。

坐完以后父亲问："好玩吗？"

我由衷回答："太好玩了！"

母亲逗我："你说说哪里好玩，那不就是把你绑凳子上嗷嗷叫吗？"

我也说不上来，只站在原地回味，傻乐。

3

人生也是一样的,如果你站台下不动,静止观摩,你会觉得索然无味。都不用聊太多,从最根本上讲,人这一辈子用"创造矛盾解决矛盾"这八个字便足以概括。

就像过山车这种玩意,你要光说,那无非就是把人绑在凳子上吓唬他罢了,有什么呢?但意义这个东西,不是靠说出来的。

电影《心灵捕手》中有这样一段台词:你根本不晓得你在说什么。我问你艺术,你可能会列举艺术书籍中的粗浅论调,跟我大谈特谈米开朗琪罗,关于他满腔的政治热情,与教皇相交莫逆,关于他所有的事情,你知道很多。但你知道西斯廷教堂的气味吗?你从没试过站在那里,昂首仰望它天花板上的名画。

如果我问你关于女人的事,你大可以向我如数家珍,你可能与几个漂亮姑娘交往过。但你从不知道在心爱的妻子旁边,一夜夜醒来的感觉——那份来自内心的喜悦与平和。

你年轻剽悍,我如果和你谈论战争,你会扬扬得意地向我大抛莎士比亚,背诵"共赴战场吧,我亲爱的朋友!"但你从未亲临战争,未试过把挚友的头拥入怀里,再安放到膝盖上。

每当我又想对人生的意义做出什么论断与判决,这段台词总能提醒我:别太早兴高采烈,也别太早心如死灰,我们对人生的真正了解,实在是太少太少了。

4

我一度是一名单身主义者，更觉得生孩子是全世界最没有必要的事情。我曾居高临下地以为：养儿一为防老，二为解闷，如果还有别的动机，也无非是从众心态，看别人生自己便生了。

除此之外还有什么？又还能有什么呢？

这种骄傲竟驱使我采访了一位父亲，我问他："有孩子前跟有孩子后，你的身上发生了哪些改变？"

他沉默了一会儿说："当我第一眼看见我女儿的时候，我忽然发现，我不怕死了。我这辈子第一次不怕死，我这辈子之前困扰我的很多问题和心结，在我看到我女儿后，都没了。那些烦恼、纠结，也不是说凭空消失，只是像三维空间的人看二维状态下的事物，它们是那么小，那么不值一提。那一刻，不怕死的我告诉我自己：打今儿起你得好好活着。"

这位父亲的话让我想起了我小时候的一件事。

那年我过生日，爷爷给我买了个玩具。我兴致勃勃地拆开包装，发现只是一张类似于地毯的东西，上面乌漆麻黑，连个字儿都没有。我大失所望，哭得直打滚。

爷爷说："不能光看，还要踩。踩上去才能看见，不踩看不见的。"

我半信半疑，一脚踏上去，发现脚下出现一片草地，右脚再踏过去，脚下是一片银河。原来，那是一件靠施加压力才能呈现曼妙图案的玩具。

原来，很多人找不到意义的样子，只是活得太浅太飘太轻了。

5

梁漱溟曾在他的一篇文章《我的人生观如是》中写道：

吾每当春日，阳光和暖，忽睹柳色舒青，草木向荣，辄为感奋兴发莫明所为，辄不胜感奋兴发而莫明所为。

吾每当家人环处进退之间，觉其熙熙融融，雍睦和合，辄为感奋兴发，辄不胜感奋兴发而莫明所为。

吾每当团体集会行动之间，觉其同心协力，情好无间，辄为感奋兴发，辄不胜感奋兴发而莫明所为。

又或读书诵诗，睹古人之行事，聆古人之语言，其因而感奋兴起又多多焉。

初读时尚且年少，心里不免犯嘀咕：这老人家真是莫名其妙，以上这些事件实在稀松平常得很，甚至不乏苦楚与劳累在其中，有什么好感奋兴发的？真的有那么快乐？

后来再长大些，经历得多了点儿，才发现生命的负担背后，总是藏着种种并非"苦乐"二字便足以概括的况味。拿加减法或比大小的功利逻辑去清算人生的意义与价值，去考量值不值得奋斗，值不得活，真真是把人生看窄了，看小了，看扁了。

6

现在都流行一个词：佛系青年。其实，我从小学四五年级开始，便"一心向佛"。

那时的我总觉着一切都没啥意思，事事都挺遭罪的。长大的路是那么漫长，还要用数不尽的汗水、泪水、误会、皱眉、反复、分歧等去换，可最终除了填饱自己的肚子和他人一时的认可，似乎也收获不到什么。不如就这么对付、凑合，四大皆空，得过且过。

好在尚有父母威逼，师长鞭策，现在如果让我穿越回去，定会给那时幼稚的自己一记耳光。

并对他说，真正的佛法，并不要求所有人都当和尚；刻意消极避世，因怕受苦或结果不定而不敢让尘世将自己打磨，不光是种怯懦，更是种贪毒，是佛家最想破掉的执着。

况且，你知道用尽全力完成一件事的感觉，有多爽吗？

你知道终于想通了一件事情，或与某位先贤就某个问题一拍即合的感觉，有多爽吗？

你知道当这个世界有人因为你的存在，而更加幸福的感觉，有多爽吗？

你知道因不成熟与人分别，又因你的成长再度与人相聚，那种感觉，有多爽吗？

你不知道，因为你只是在听我说说。你无知到连一个水杯都没有体察到位，因为你还没有把一个玻璃杯从上到下擦拭过。

既然人生都如大梦了，何不干脆利用好这个设定，在梦中勇敢地成功失败，无畏地体验，不惜力气地付出，然后找乐子般地看看会发生什么呢？

　　佛曰：我们家的好孩子，并非那些长戚戚的伪佛系；真正的佛法，属于每个敢于入世修行的好少年。他们不是干脆啥都不追求，而是当有一天追到手里的一切都一把输光，他们也觉得没什么。

一个可能会对你产生深远影响的执念

1

几天前与一位我很欣赏的企业家见了一次面。闲谈间聊起了童年经历。我说我打小在乡下长大，算是土生土长的农村人。他说他比我惨，不光来自农村，家里一度穷到饿肚子，吃不上饭。

这倒没令我感到稀奇，毕竟很多"大人物"都曾有过一段灰暗的物质经历。

但他接下来讲的一件事，却真真让我肃然起敬。毕业于顶尖高校的他，刚踏入社会便找到了一份好工作，拿着比同龄人高很多的薪水。这一下子调动了亲戚们的求助热情，七大姑八大姨都来找他借钱，连苦了多年的父母也想立马改善下生活，问他要接济。

他却果敢拒绝，并对家里人说："你们给我点儿时间，我虽然赚了点儿钱，但不想守着老本不撒手，需要用这第一桶金继续投资自己和事业。目前即便我给你们万八千块，也是隔靴搔痒，只能缓和下眼前的小困难；但这笔钱放我手里却能用在更长远的地方，大家忍一忍，跟我熬几年，等我钓到大鱼，那时能给家里提供的帮助远不止这些！"

这番话与眼光气魄已是足够惊艳，更难得的是，这种观念竟生发于一个从小缺乏物质安全感，很容易被家庭因素牵绊住人生大局观的年轻人那里!

我特地问他:"你听说过关于原生家庭、穷人思维一类的概念吗?"

他说也是最近几年才常听。

我更加好奇:"那你怎么能完全不受这方面的影响,甚至可以说像逃离黑洞一样摆脱了这种既无奈又可怕的引力呢?"

他想了想说:"我总觉得,人是可以改变的。无论外在环境也好,头脑观念也罢,都是可以不断提升与改变的。而一路上,不断地接触新观念,不断地自省,可能也确实让我改变很多。"

2

"人是可以改变的",我重复着他的话,并对他说:"再简单不过的道理,但真正相信的人其实没几个。"

他点头道:"可这份执念一直在帮助着我,甭管底子多么差,别人怎么说,我总是觉得,人的成长方式除了老师教,父母影响,文化熏陶以外,还有点儿别的……"

我补充说:"是人的二次进化。"

他说对,就是二次进化。自己给自己查缺补漏,当自己的老师;再去接触新观念,新环境,终生学习,让万事万物都当自己的老师——像不断褪掉死皮一样,完成内在生命的二次成长。

我听他由此引发的感慨越来越多,心里也想到了一些人,渐渐明了:这世界上没有什么比自我迭代与自我进化更惊人的力量了。

要说成功者必备哪些素质，可以罗列出一大张纸来，但优秀的人在最根本上都具备这样一条执念：人是可以改变的。并以此为内在驱动力，不断打破旧我，拥抱新我，一路击碎又重组，最终留下来的，已比处在原点的自己，好太多。

记得有朋友在闲谈时问我：你觉得什么样的人前景不好，什么样的人最有发展呢？我的想法是，甭管起点高低，一旦这个人觉得自己啥都对，看不上这个瞧不起那个，新的东西进不来，这人就废掉了。

或者觉得自己啥都不对，又认为命运已定无力回天，看不出暂时性和发展性，那么觉得自己人生就这样了的人，他们的人生可能也真的就这样了。

至于最有发展的人，是那些既勤于做自我分析，又敢于相信自我进化的人——前者让他们对自己永葆客观冷静的认识，后者又让他们不断超越当下的自我。

3

不知为什么，现在越来越多的人开始崇尚决定论，今天认定成长环境一定会让你如何如何，明天又拿基因学说干起了巫婆算命的活，后天该找的借口找干净了，只能寄托于星座。

于是，单亲家庭的孩子提起单身的原因说：很多人都觉得我们心理会一直不健康，对组建家庭注定是不利的。

家境一般的孩子提起不敢出门闯荡的原因说：大家都在讨论寒

门难出贵子,我没理由是第一个。内向的人认定自己永远无法与人沟通,只能拿价值观找补:也许我应该享受这种寂寞。

然而,哪怕是最具学术权威的研究成果,进化心理学的标杆之作,在开头部分也用了整整一章的内容在告诫读者:大哥,在读后面的内容之前请你知道,人,是可以改变的。

可他忽略了人性之一——我们总是对悲观信息更加敏感,相比于正常结论,坏消息总是更让人印象深刻。

但当你读到上面这句话,你以后对坏消息的敏感度便会相应下降一点儿;而这又再次佐证了上面的那句话:人,真是可以改变的。

5

曾经有读者向我抱怨说:"我们生而不平等,就像容貌,天生父母给的,不好看的自己不正是输在了起跑线吗?"

我回复他:"平等指的是机会平等,要知道,连你以后是选择用嘴呼吸还是用鼻子呼吸,都能对你的面部观感产生变化的。"

我曾是个极度内向的孩子,小时候打电话甭管对面是谁,一分钟之内必须挂断,否则我不知道该说什么。大学时作为学生代表与美国外交官持续交流两个多小时,现在开口说话基本上成为我的工作,为啥呢?很简单啊,人是可以二次成长的。

我有一位同窗,上学时第一个学期只是个自卑又封闭的小姑娘;结果用了一年的时间,华丽转身,成为大家心中的文艺女神,腹有诗书气自华是不假的，美得高级又平和。

有人可能想：唉，江山易改本性难移，哪怕再怎么改变，总会有些过去的烙印在身上吧。可谁说留一点儿烙印或疤痕就不好呢？

由自卑转到自信的姑娘，共情能力往往比生来自信的人更强。

由内向转到外向的人格，不光会说，往往更懂得适当地倾听与沉默。

经历过贫穷却摆脱了思维桎梏的进化者，他身上的魅力是别具质感的。

别急着嫌弃所有的枝枝蔓蔓，砍得一干二净反而缺少了些羁绊；但当它们缠绕到你自我进化的决心和勇气，请坚定相信：这一斧子下去肯定会有效果。

效果不明显怎么办？再来一斧子就是了。

毕竟如文首那位怎么也看不出能成功的成功人士，也是这么一斧子一斧子把自己凿出来的。而且人家还在继续将自己雕琢打磨，那天临走前还要我向他推荐几本儒释道方面的书籍，我以为这是要装点门面？

他说："我就是觉得人总会有些共通之处，看看读一读这方面的书能不能促进一下管理工作。"后来我了解到，他其实是学理科出身，本不会对这方面的书产生多大的重视。

转念一想也在理：毕竟毛毛虫都相信且敢于蜕变成一个全新的面貌，对于一个不断进化着的人来说，还能有什么限制得了他呢？

克服懒惰——一个你没听过的规律

1

看了这篇文字的题目,你可能纳闷:懒惰,怎么治呢?这看似是个无解的问题。

你哪怕对一个人灌再多鸡汤,打再多鸡血,列出一千种方案,给出一万种对策,临门一脚的时候他只要说一句"我懒,不想做",这事就彻底吹了。然而,即便面对如此窘境,方法也不是没有的。

只不过,治愈懒惰的方法听起来比较不讲理,那就是——不懒惰。

你听到这话可能想打我,接下来我们之间还有可能发生一场极易陷入死循环的辩驳:

"我懒,怎么办?"

"不懒,就行了。"

"可是我懒啊……"

"是的,我知道,没关系,只要你不懒,你就不懒了……"

这不是赤裸裸的废话吗?

是的,但这废话是能发挥作用的,我母亲就对我用过。

2

有一次母亲刚洗完窗帘,想叫我帮她挂上去。我特讨厌挂窗帘的活,又赶上那天特别累,不想动,就对母亲哀号"我不想挂……"

于是母亲就对我说:"不想挂,没事,你挂着挂着,就想挂了。"

我一听,这不是强盗逻辑吗?现在的问题是我不想挂,然后您告诉我挂着挂着就想挂了,可关键是我压根就不想挂啊……

母亲也据理力争:"我知道啊,你挂着挂着就想挂了。"

总磨嘴皮子也不是个办法,我便一百个不情愿地去挂。当时家里的窗帘有二十几个钩子,记得我挂到第四五个钩子时,抵触情绪和负面感受就全消失了。

母亲还在厨房问我:"怎么样了?想挂了吗?"

我一边挂一边咬牙说:"邪门啊,我还真想了。"

后来我渐渐明白,唯有行动本身,才能酝酿出行动力来。

我们过往的常识是,先有足够强烈的欲望与动机,才能有行动意愿,再把行动意愿攒足了,人才会选择行动。

然而一落到现实你就会发现,欲望动机与意愿,有一部分是埋在行动本身里面的——你必须通过一小段行动把它们勾出来当药引子;却不能想着一动不动就把它们攒齐。你攒不齐,因为有一部分是在路上等你的。

你有什么应该做的事却又不想做,没关系,逼自己做十分钟,这十分钟表面看不顶啥用，实则抛砖引玉，是激发你行动力的药引。

没有这十分钟，你会误以为解决困难时的心理障碍会持续全程；有了这十分钟，心理障碍就被荡开了。

3

我曾辅导过一批学员写作，大家很多都是这方面的初学者。所以不少人都把写作看得过重，不敢下笔，开头怎么都开不自然。这样一来，就导致练笔这件事被无限搁置了。

后来我告诉大家，先打开电脑，把手放键盘上，脑子里有什么就噼里啪啦敲出来，敲他个五百字。哪怕是一串活人看不懂的胡言乱语也可，允许自己先写五百字的垃圾。

结果是，有很多人在轻松地打完一串垃圾文字后，自然平实的文章开头从六百字起，于指尖流淌出来了。

我当初在备战考研时也用过这种方法。当时有一阶段自己犯懒，我就拿张纸，给自己画了个表格，每一格代表一个小时。复习一个小时满，便在第一个格子后面打个钩。

几天后发现，只要第一个格子打上钩了，那天接下来的一串格子基本全是钩。

原理就在于，每一天我逼自己复习满第一个小时，且记录下来后，心理上就会有种掌控感。但如果第一钩迟迟没有打上，那基本就是一废废一天——因为困难在脑海中的印象一直是叠加态的。这有点儿像薛定谔的猫，只要掀开盖子，情况立马塌缩为具体；但你一直不去掀，状况就会一直飘着。

其实行动就像荡秋千，真正用力只需开始的一蹬，悠起来后就是惯性了。但你不动就一直会有个错觉：以为每秒都需要用力蹬地，你对困难的预判就会虚高很多。

4

了解这个规律后，我把它用在了很多地方。

比如一想到跑步觉得痛苦，便不想跑时，我就要求自己，穿好跑鞋去楼下站着。十有八九等到我穿完鞋站在楼下后，我就想跑了。

一想到有九种家务活等着我，心理觉得全干下来负面感受注定等于干一项家务的负面感受乘以九，便不想动。此时我就对自己说：今天只干一样，干完就颓废，日子不过了！

结果每当我干完第一样，见到第二样时，手就痒痒了。而且全程下来发现负面感受只是想象中的九分之一。

这也应了一句话：你说你不努力是因为看不到希望，但你不知道的是，有很多希望是努力后才能被你看见的。

记得读高中时有一次考试，临考时我状态特别不好，一夜未眠，脑袋里都是浆糊。答卷子时还很紧张，一道阅读题生生被我做了半个小时还没做完。心里一估摸，这么答下去留给作文的时间只有二十分钟了。

要按我以往的习惯，状态这么差，这事死活是不成，那就干脆放弃算了。可那次没有，我选择了生扛，愣是逼着自己好赖都要答下去。结果越答越顺，按时交卷，成绩还拿了学年第一。

至于说那次我为啥就选择了生扛，原因很简单：那次是高考，不扛也得扛。

但这事也让我明白了：人有时是要逼一逼自己的。倒不是说能逼出什么超常发挥与逆天潜力，逼出来的是你心里的毒。且终让你认识到：不需要下一次，不需要从明天开始，就是这一次、这一天、这一刻，硬着头皮扛下来。

扛下这一刻不会让你这个飘在外太空的飞船立马安全着陆，但这个做法本身却能帮你刺透心理上的大气层。

刺透之后，接下来呢？

接下来交给地心引力就好了。

这可能是很多人不幸福的原因

1

我有一位表哥,只大我两岁。他在读初中二年级时,就罹患白血病去世了。当时我还小,但多少有了点儿死亡的概念。

刚得知这个消息时,我哭得很伤心;陪他走完人生最后的半年,目睹他被疾病折磨得不成人样,最终被死神拖走后,我感到自己很幸运。

我们俩不仅年龄相仿,在很多地方都很像,也就是说,癌症在落实我们家族的名额时,做了一次简单的二选一。

二选一,谁被选中都合情合理,结果不由分说,是他却不是我。我相当于白捡了一条命。

按理说,命都是白捡的了,那岂不是应该倍加珍惜,往后余生,每天都活得高兴?

可人哪,总是好了伤疤忘了疼;对于好事,甚至比坏事都不长记性。谁要是拿走你一块钱,你气得直跳脚;可要是捡到一块钱,你会觉得应该,没啥稀奇,更有贪得无厌者,甚至会抱怨为啥没捡到一百块,从不去想那一块都本没有理由属于你。

我就是那个贪得无厌者呀。

记得等我读到初中二年级,一次考试,被同学超过了,没拿到第一名，给我丧得啊，恨不得指天骂地。

母亲安慰我说："你看，你哥哥在你这个年龄的时候，都闭眼了；你起码还活着，竟然为了一个名次这么小家子气，你也太不知足了！"

早已对这种想法免疫的我，哪里听得进去，回驳母亲道："我总不能永远都跟去世的哥哥比吧？说句难听的，他是运气太差了，可我就不行！"

母亲愣了一会儿，强压怒火，一字一顿地问我："来。你给我说说，为啥得癌症的就不能是你？凭啥得癌症的就不能是你？你比你哥多啥呀？是比他饮食健康还是活得更仔细？你说他运气差，那凭啥运气差的人就非得是他，不能是你？你这样下去一辈子都不会真正幸福，因为你对一些偶然性缺乏最基本的敬畏之心。"

2

有一天，我真的遇到了偶然性。那时我刚读大学一年级，过马路时被一辆车刮倒，左侧锁骨粉碎性骨折。做了手术，里面加了钢板和几根钢钉，刀口长度十一厘米。

术后半个月，我虽然回到了校园继续学业，但行动十分受限，走路全靠蜗牛般的平移。人总是在真正失去后才服气地意识到：占有并非那么天经地义。

那段日子，我每天看同学们撒欢一样地跑跳，"噌"地就从台阶上蹦到最后一级，羡慕得眼神发亮。我也几乎每天都会在心里和自己约定：等钢板取出来，伤口也完全愈合了，咱一定要痛痛快快地翻几个跟头，比以往更加充分地利用和善待自己的身体。

转眼一年过去，终于彻底恢复了。记得刚刚获得自由的时候，我连走路时呼吸的都是前方两米远的香气。心里那个美呀。

可过了一阵子，如果有人在赶路时对我说，别愁眉苦脸啦，让我们享受这次步行。我可能会回敬一声"呸"，并嘲笑他：鸡汤喝多了吧？歇歇吧，谁不是两条腿天天走路，享受啥呀。

是啊，狂妄如我，健忘似你，咱们都会觉得一切已经拥有的东西都是应该的，更想不到还有不知多少本比我们还不应该坐轮椅的小伙子，刚刚被抬进医院里。

其实冷静下来想想，真的没有理由不是我，也没有什么铁打不动的理由，不是你。

3

我曾采访过一位高龄老人，流程化地问了她一个问题：长寿的秘诀是啥？怎么才能活得开心？她组织下语言，下结论道："对已经攥在手里的东西，深深地表达一下感激。"

刚听这话的时候，我觉得稀松平常，而且大多数人都已经做到了嘛。是，我身体健康，我挺感恩，我没忍饥挨饿，我也挺感恩，我以为这就可以。

直到后来，见过了太多本不应该发生的事却发生了，本应该发生的事却不知被什么东西阻碍到进二退一，我才第一次听见了老人家那句话里，最有分量的三个字：深深地。

更何况，不只是健康和温饱这么基本的元素，生活中有太多值得且应该被我们报以感激的事物，都被我们忽略得冷血又无情。

那些你已经做到或做好的事，真的就那么理所当然吗？

未必。在我们看不见的地方，有太多除了你自身因素以外的东西，比如时机，比如运气，甚至诸如地点、环境，乃至一时的情绪。

别因为它们没出来作乱就小瞧了它们，它们只是没伸手而已。

在把拥有当作常态时，不拥有就变成了失去——这是很不公平且不讲理的，这是生活对我们的娇惯，给我们养成的不正常心理。

4

重新塑造正常心态，给偶然留下那么一点点敬畏和余地，会让人就此变得懒散惰怠吗？

不，它也许更能给你前进的动力。

当你知道，努力未必能成功，这本身就是种常态，反倒努力了一下子就成功了才算非正常事件时，你会努力得更加坦然。你会不怕输，因为输无非是正常结果，你仍然想赢，但没赢也会没关系。

意识到偶然性，并不影响奋斗的过程和努力的结果，但会影响到你奋斗的心态以及面对结果时的心情。甚至，再进一步，你慢慢会发现：其实努力这件事本身都值得你去认真感激。

要知道，首先，并不是每个人都有资格有条件去努力，这世界上不知有多少人受限于身体、生计、发展的天花板以及种种没理由不发生在你身上的不利因素，导致他们根本使不上劲，你却可以，这是多么奢侈的良机。

更重要的是，人的天性就是懒惰——从最基本上讲，努力不起来才是常态，每次成功努力起来的你，都算被命运垂青。

早起是遭罪吗？不，早起起得来，是胜利，是奖励。

你往前踏出的每一步，都是一次凯旋；你坚持下来的每一秒，都没有理论上那么容易，都值得你去珍惜，并感谢自己，再接再厉。

我们没有理由不是卑微得走投无路的蝼蚁，没有任何十足的理由，但结果就是，你没有卑微到那份田地。

我们本有极大的可能性会像很多芸芸众生一样被生活拉进命运的泥潭，一生碌碌无为，连向上天追问都没有什么底气。但结果就是，你仍有筹码去赚去搏，你的起点对于很多不比你差多少的人来说已经是遥不可及，没错，我们就是这么幸运。

追根溯源，我们连来到这花花世界、美好人间的理由都不是那么充分且正当，这数十年甚至上百年的光阴，完全可以不给你，都是白送的。

一想起这些，岂不应当宽容三千烦恼，荡开矫情的愁绪？

一想起这些，我们应当给它们以配得上的感恩和尊敬，且更加珍视宝贵的自己，进而尽物之性，人之性，创造点儿东西，增长起勇气。

SHIYE PIAN

富兰克林曾说:
我从未见过一个早起、勤奋、谨慎、诚实的人
对运气有什么埋怨。
我也想说:
我从未见过哪个每天甘愿逃出来两三个小时,
踏踏实实瞄准做事的人,
抱怨优秀很难。

Chapter 4
视野篇

走出深渊的第一步,是凝望你的心魔

1

记得有一次看到亚运会男篮决赛的直播。成熟狠辣的伊朗男篮对阵当时刚刚完成更新换代的中国男篮。

常看球赛的读者都知道,伊朗男篮近年来强势崛起,颇有欧洲球队风格;球员们作风强硬,被称作"黄金一代",为首的几名内外线核心,打起球来可以用"嚣张"来形容了。

反观这支中国男篮,没少在伊朗队这里吃苦头。屡吃败仗的背后,一方面是过渡时期的阵痛造成实力层面上的必然结果;另一方面则是态度,说是被对方打出了"心理阴影",也不为过。

所以这次赛前,媒体的报道和预测文章中微妙地出现了这样的话语:中国队要敢拼;要打出血性;不要怕身体对抗;抛开心理包袱等。就连主教练李楠在赛前接受采访时也说"要敢于去冲对手"。

而心理障碍这东西,并不是抽象的口号和嘱咐就能跨越的。开场后不久,即便李楠在场边不断提醒:"强硬!要强硬!"队员们攻守两端还是有点儿束手束脚,总感觉差点儿什么,也一度落后16分之多。

本以为这场比赛要毁了,毕竟那可是所谓的"老对手伊朗"

啊，追16分哪那么容易呢。可在这时，主教练李楠叫了个暂停，由于转播原因，暂停时主教练跟队员讲的话竟全是"公放"的，电视机前的观众都能听到他在说什么。

他没说太多的技战术，也没有多高大上的心理动员，不断强调着一句非常具体的话："协防时狠一点儿，进攻时要敢往里面杀，别怕被盖帽，帽一个就让他帽一个了……这场比赛会越来越好，你们信我。"

2

"被帽一个就帽一个了"，这看似平淡无奇还有点儿泄气的话，却是我听过的最好的提气之词，因为它精准地戳到球员的顾忌，看似缥缈的心理障碍一下被落到具体了。

这话表面上看，说与不说皆可，毕竟道理都懂，谁都知道要所谓的强硬嘛。但点出来跟不点出来，效果差太多。不点出来，忌惮和恐惧在队员心中是呈气态弥漫，液态流动的，没有边界，掺杂的"感性障碍"也会特别多。

可主教练把这句话结结实实地扔出来，气态和液态的心理包袱一下子塌缩成看得见摸得着的固体了。

于是暂停结束后回到场上，赵睿、阿不都沙拉木频繁冲击对方内线造杀伤，王哲林、方硕等队员也是敢打敢上不停消耗对手。伊朗队巨大的领先优势渐渐被蚕食，中国队气势如虹、势如破竹，上演惊天逆转，不太可能被拿到的冠军，被我们生生夺过来了。

有意思的是,在追分的过程中,还真的有中国球员杀入禁区后,被对方帽了。但接下来防下一轮之后,小伙子们仍然敢继续往里扎,一个球一个球跟对方磨。

赛后很多球迷都说李楠指导有方,把血性灌进了球员们的骨子里。

这也让我想起了某场足球比赛,美国队对阵某强队,在僵持不下时,守门员鼓舞大家说:"别怕丢球,大胆进攻。如果对方真的把球踢到咱们的门前,你们看我的!"

身体的战场也是心理的较量,一句具体的,能让队员正视、直面心理障碍的话,往往能决定赛果。

3

记得我在很多本帮助人克服心理障碍、排解压力焦虑和恐惧的书中,都读到过一条出现频率极高的建议。

那就是,把让你担忧的、害怕的、萦绕在你脑海中挥之不去的困扰、烦恼,整理归纳,一条一条写在纸上。

起初我特别不理解:这又有什么用呢?困扰放脑子里是困扰,放纸上就不是了?不就是挪了个地方吗?干吗整理成条目写出来,怕自己想不起来还是怎的?

后来我渐渐明白这种方法的高明之处就在于,它虽然没有直接打消你的困扰,却改变了你困扰的存在形式,使那些模棱两可似是而非的麻烦,变得清晰、具体、有边界了。

类似的原理还有一种是帮人做决策的,就是我们熟知的SWOT分析法。刚开始我看到这则方法时也是不以为然,心说这不就是分析一下自己做选择时面临的优势、劣势、风险、机遇什么的吗?这我们脑子里就有啊,还用写出来?还用列个表格?

后来我才发现,把飘在天上久久不散的阴云,一块块拽下来,打包整理落地安放,对人的帮助真的太大了。

就像一位读者朋友曾向我倾诉:"我跟父母的关系一直很僵,有很多心里话想对他们倒出来,又不敢……说不敢也不太准确,总之就是有点儿不愿意,不想说,可我又知道憋着是会出问题的,怎么办才好呢?"

我回复他,可以在独处的时候,拿出纸笔,静下心来对这个困扰做一下聚焦思考,追问自己一些问题,比如:

"我为了逃避跟父母沟通,都做了哪些事?"

"我做这些事能得到的好处都有什么?"

"我之所以逃避跟父母对话,原因有哪几点?"

"有哪些原因是未经实践的想当然呢?"

然后将你的答案一条条写下来。

读者后来跟我讲,他写完之后才发现,自己百分之八十的担忧,其实都是妄念罢了。奇妙的是,如果不写出来只放脑子里想,总觉得每一点烦恼都是正当且严重的。

没想到,越敢和心魔硬碰硬,心魔反倒就规矩很多。

4

多年以前，我参加过一次辩论比赛。对手都是我不熟悉的，而且传闻很强势，辩风很凌厉。

于是在上场之前，我心里就打怵了。虽然也知道自己准备充分，却也总有种说不清的担忧盘旋在脑子里，放不下，又不敢直接去想，又忍不住分心琢磨。

指导老师看穿了我的心思，直接走到我跟前问："对方是谁？"我回答出了他们的名字。

老师笑道："不对，你应该说，他们都是人，都是你的同类。"我傻傻一乐。

老师继续问："既然对方也是人，你告诉我人是什么，由什么组成？"

我说："四肢大脑器官什么的。"

老师补充道："还有时间。人的本质无非是一段时间，每个人一天都有24小时，也只能有24小时。一个人火候什么样，也无非是看他用大家都有的24小时去做什么。请问你这阶段每天把时间都用来做什么了呢？"

我老实回复："除了吃饭睡觉，就是在准备比赛。"

老师连珠炮似的追问："对了！对方不也是人吗？不也需要吃饭睡觉吗？哪怕再挤时间，每天用来准备和思考辩题的时间往死说也就20个小时。他们能比你强哪儿去呢？"他们能比你强哪去呢？唉，你说破了大天告诉我，他们再强，又能比你强哪儿去呢？

这些话看似平常，却帮我把漫无边际的担忧一点儿一点儿地肢解了。

那天我拿到了最佳辩手，打比赛时挺胸抬头，心里想：我就让你们强到天上，又怎的？就不信你们比我准备得还多。

我猜测昨晚的比赛，有球员心里也会挺起腰杆琢磨着：对方再强硬能硬到哪里？哈达迪就是铁打的到了第四节不也是会累吗？说着外国话肤色深一点儿就不按人类规律走了？就是要冲击你。我们教练说了，无非被盖帽，帽一个就帽一个，怎的？

走出深渊的第一步，是敢于直视深渊里的魔。不光要直视，还要凝望，还要紧盯，眼睛瞪出血也要把烦恼的虚张声势一点点肢解，进而你便上境界了。

最怕你能做的太少,想做的太多

1

因为参加一场活动,与一位大学生朋友聊天。

他对我说,自己目前最大的问题,就是不清楚自己想要什么,尤其是纠结毕业后的职业选择。我以为他想听我说说各种选择路上可能会遇见的状貌——职业环境、基本待遇、大体发展路线什么的。

不料他比我还灵通,反倒向我把各种职业的信息介绍得头头是道,他说,他这几年没少做这方面的功课。我有点儿不明白:信息掌握得如此丰富了,怎么还会不清楚自己想选哪个呢?

他坦言自己也不知道,总觉着选哪个都行,选哪个又都差点儿什么……

我们彼此看着不同的方向木讷了一会儿,间或听到他几声沉重的叹息。

忽然我随口感叹一句:"你好像不是不知道自己想要什么,你是样样都想要,哪个的好你都舍不得啊。"

这句稀松平常的感慨反倒真真戳中了他的痛点,他连声附和:"确实是这样啊,越想越是这样。就比如说,我想考公务员,因为会有点儿自己的时间嘛,但又觉着工资太少了。我想去北上广,这样机会会有很多,但又嫌漂泊太累了。我想进小企业,这样压力会少点儿嘛，但说出去又太没面子了。我向往很多风风火火，但又留恋一些小确幸与人间烟火……"

说着说着他总结道："就是想要一种又有面子，起薪又高，不用做太多事还能见大世面，学到许多东西的工作。"

我听完没做什么评价，几秒钟的沉默后，他被自己的愿望给逗笑了。

2

其实这世上的烦恼说烦琐也烦琐，说简单又简单：要么就是做得太少，要么就是贪得太多。两者结合起来，苦楚最大，套用一句名言说就是，你的时间、精力、能力、资源、意志品质是有限的，但你的欲望又是无限的。你总琢磨着把有限的成本投入无限的欲望满足上去，不犯愁就怪了。

其实这个理儿大伙都知道，即，想让所有的花都在你这儿开，那是不可能的。但这个错误，又基本上人人都会犯，为啥呢？因为我们的天性就是想尽可能把所有便宜都占上嘛，占不着便宜算吃亏，我们会觉得被剥夺。

伪装成选择迷茫症的贪婪，会带来一种可怕的后果，它会让你一直误以为自己很理智，自己正在权衡利弊谨慎分析什么的，不断强化你纠结的必要性，结果你纠结到最后，哪怕是多样化的选择也会被你拖成单一的被迫，因为，没时间了。

这个世界上最美好的谎言就是，总有那么一条路，会满足你的全部期待。这个严重违反常识的念头之所以还能留存在人的脑海中,就是因为它太美好了;然而,不管多美好,终归是幻象。

刚性条件是,一天只有24小时,一年只有365天,泯然众人的你我,怎么可能一口气获得365个祝福,每个还都不重样呢?

普通人获得普通幸福的途径其实特别简单:舍弃一些次要的东西,获得另一些重要的东西,把舍弃次要东西腾出来的时间与精力,用来将促成重要东西的事情反复做。

3

而相比之下,什么东西对你来说"更重要"一点儿呢?这就全看你个人的价值观、人生观了。

请相信,甭管表面上看起来各种事物仿佛都利弊相缠,但在你心目中,仍然是存在等级序列的。

你的基因、成长环境、人生际遇、先天后天养成的性格,会成为你排布价值序列的标准。

有的人就是认为要活就活成精英;有的人同样坚定认为平凡点儿也没什么。

有的人觉得不要考虑父母感受,否则白活了;有的人觉得,他们欣慰一点儿,我也快乐。

类似的差异还有太多,但大都无关对错。

每个人最后都会且只会踏上其中的一条路,然后再对另一条路上的可能性产生种种幻想或留恋。这都是正常的,只是不必感伤太多——因为哪怕踏上这一条，另一条路的风景也未必从此与你天涯相隔，只要你躬身埋头，踏实地走下去，路还是有可能相通的。

就比如，一个人在20多岁选择在家乡省会踏实奋斗，没选择去北上广，你可能觉得她这辈子是跟财富无缘了。结果她三十多岁时，各方条件成熟，也积累了很多能力资源，去了深圳发展，月薪六万多。这个人是我亲戚家的一个孩子。

再比如，一个人选择了外出打拼的道路，放弃安逸的生活，你可能觉得他再也没法享受到惬意的时光与家庭的快乐。结果他四十多岁事业有成，花钱买别人的时间去帮他完成一些牵绊常人的杂事，自己常能跟家人一起旅行健身看画展，比文艺青年还文艺青年呢。这个人是我的一位读者。

除了违法犯罪或挑战道德，没有哪条路走下去会万劫不复。不怕暂时不光明，就怕你不选，更不肯踏实走，我从没见过哪个生活的强人最终输给了选择。

4

一生很短，几十年一眨眼就过去了；人生的遮布很重，需要把自己削成尖，才能刺破。

最明智的活法，就是集中时间与精力，做那些对你来说最重要的事。

如果你在读高中，就好好学习，争取考个好大学，这样平台广，未来可能性多。

如果你在读大学，就一长本事二长见识，把能量聚焦在打磨思维与实践上，这样走出校门有成色。

如果你刚刚步入职场，家中实在揭不开锅就先努力赚钱补充点儿安全感；否则请把念头聚焦在能力增长和提升自我价值上，市场最终会还你钱的。

如果你实在不知道什么对自己来说才是最重要的，就不妨想一下希望五年后的自己是什么样。

然后用未来的目光看看今天的自己，并追问下：为了五年后的目标，我今年应该做的最重要的事情是什么。

为了今年的目标，我本月最该做的最重要的是什么。以此倒推至当下，你就会发现：再没有什么可迷茫了。

这就是我们说的越简单越快乐。

因为当你设定了太多的虚高目标，又不清楚其实是贪心在作怪时，你总觉得它们都是重要且真实的，那等着你的除了瞎忙，就是自责。而当你做到唯精唯一，集中优势力量选择一条路去攻克，你会做得更少，但做得更好，收获到切切实实的成果；并在这条小而美的道路上，遇见许多其他路上的同行者。

你们在岔路口相遇，彼此感慨道：

"看来人生何处不相逢哈。"

"是啊，等着你呢。"

努力是副产品

1

我写过很多对读者起到激励效果的文章,但我很少直接建议读者去"努力";哪怕是涉及成长、提升一类的主旨,"努力"这两个字,我也尽可能不去提。

原因有两个:

一是"努力""奋斗"这类的字眼,意思是好的,但被叫滥了。导致一想到它们,我在精神上就条件反射般地感到疲惫,别扭。

我总认为,凡是逆着人性走的方法,往往都难以持续。

二是我个人觉得,努力的概念放在今天,有点儿被过于神化了。它只是手段,许多人却当成了目的。更准确地讲,努力,其实是一种副产品。

副产品指的是,企业在生产主要产品的同时,从同一种原材料中,通过同一生产过程附带生产或利用生产中的废料进一步加工而生产出来的非主要产品。

举个例子你就明白了。

我读大学期间的一位好友,他很有才华,毕业晚会时自编自导自演了一出舞台剧。当他最初接到这项任务的时候,很荣幸,也很兴奋。

荣幸是因为把这件事做成了,能够直接提升毕业晚会的质量,对他对同学们,都有弥足珍贵的意义。

兴奋是因为他在编剧、创意、统筹、策划等方面比较擅长,又对这些事抱有很大兴趣,有机会将能力尽情施展,与大伙群策群力搞出一个好作品,想想都开心。

2

但以上这些,都是他的内在动机,旁人轻易是看不到的。我们只能看到他的行动和表现。比如,他绞尽脑汁地设计剧本,汗流浃背地布置道具,废寝忘食地组织排练,为了保证最佳效果,把所有演员的台词都烂熟于心。

最终演出大获成功。

旁观者一看到成功结果,便习惯性地寻找原因。但大多数人都只能看到表象,最终得出结论:他能把演出搞得如此成功,是因为他努力!

这话对吗?对。但遗憾的是,只停留在这里。如果拿着这番结论去套用,很可能产生尴尬的效果。

比如,另一个对这方面完全不感兴趣,也从不觉得文艺活动有啥意义的学弟,某天接到同样的任务:自编自导自演舞台剧。

没办法,他只好硬着头皮搞起来。当他没动力时,我们以人生导师的口吻激励他:"努力!努力就行!"当他中途想放弃时,我们恨铁不成钢道:"学学那位学长!你看人家多有毅力!"

当他实在坚持不下去了,我们气得跳脚,如果条件具备,甚至能拿出"学长当初是如何努力"的视频给他看,让他把所有细节挨个学习。

"你看,你学长当初早起写剧本,所以你也得早起。"

"你看,你学长当初搬道具时擦破了头,所以你也有必要以头抢地。"

指导我们做出以上建议的逻辑是,只要把努力的行为复制一遍,成功便可期。结果很有可能是,又早起又撞头的学弟,不仅把任务搞得乱糟糟,还患上了严重的精神焦虑。

他在进医院之前可能都会以为,我之所以如此失败,是因为我没毅力。但问题的本质其实是,他差的不是努力,是内在动机。

学长当初能成的原因,第一层是努力。但更深的一层是,他就是真心想把这个事儿做好,他就是一门心思想搞出一个好作品。

在这个核心的统领下,他虽然废寝忘食悬梁刺股什么的,但自己都没意识到。可以说是捎带手把力给努了,一切都是自然而然,水到渠成。

而后来者往往只顾着模仿行为表现,却不去思考本质核心。

所以才有了那么多"为什么我努力了但效果不大""为什么别人都说我是假努力""为啥我就总想放弃"。

3

我的一些文章比较受读者欢迎，而且当我想的时候，可以每天写万八千字，坐在椅子上从天黑搞到天明。

为什么？因为我意志力强悍还是上进心绝伦？这么说吧，要是让我做数学题，可能两个小时都坚持不下去。

是因为在我的意义列表里，写文章搞创作特有意思且很有意义。

我从没想过也没要求过自己要"卖力"写文章，要"努力"打字，有时是在写完之后才反应过来，突然感到累了。但自己从不觉得在被逼。

而且由于我真心想把一些概念诠释好，想让一些晦涩的东西走进更多人的心里，我可能会用到各种手段，比如做类比、说俏皮话等。但跟从天黑熬到天明一样，这些全都是外在呈现与表象。

如果有人只模仿这些表象，又是熬夜又是讲俏皮话的，同样可以获得"很努力"的名声，但效果会令他伤心。

但你发现，刻意模仿人家机械努力的做法，在高中冲刺阶段是行得通的，因为百分之八十的基础知识只需熟练重复，削一削就能上去。

进入更开阔的领域后，单纯进行努力模仿就不灵了，因为自我提升的道路是长期的，靠一时的紧逼，你熬不下去。

4

读到这里你可以想到,直接原因是努力,但能促成持续性努力的根本原因其实是意义感和兴趣。可困惑也会相伴而生。

比如,有人说:"我现在的工作就是贴发票,你让我怎么产生兴趣?"

有人抱怨:"我每天只负责跟客户对接、沟通,我实在感受不到自己有什么价值,工作也是重复性的,你就是说出花来,我也酝酿不出长期的干劲。"

产生这种现象的原因之一是时代发展太快,社会分工极致细化,越来越多的人都看不到自己的工作对于全局有什么影响。

人类是想象的共同体。以往我们的意义张贴速度是跟得上时代脚步的,哪怕你是炼钢工人也会觉得自己有动力;但现在你的任务有可能只是每天拧一千个螺丝钉。

这时就需要我们自己创造意义,开脑洞,发挥想象力。

比这更深层有效的方法是,瞭望你工作背后站着的那个更大的东西。

有一阶段我的工作就是立岗传菜,早七点上班晚九点下班,怎么让自己保持干劲的呢?

答:观察客人,看不同人的衣着举止神态表情。

有一阶段我的工作是往一千多页的本子上疯狂盖章,怎么让自己保持干劲的呢?

答:边盖章边在心里打节奏,想象我在金色大厅为大伙表演最新乐器。

有一阶段我的工作就是接电话,并且答复的都是同样的信息,怎么让自己保持干劲的呢?

答:想象自己是不同的身份,变换不同的语气和沟通方式,看对方的反应。

我没有一刻跟自己讲"天道酬勤""不努力你就被同龄人碾压了"之类的话,我只是让所做的一切尽可能地有趣。

有人说想象出的东西是假的。可我们被这世界构筑的既有想象就是真的吗?未必。

5

我不打算抹灭努力和坚持的价值,我承认它们是特别好的东西。但奔着努力追努力,你多半只能获得坚持不下去;只有抓住能滋生出努力的主产品,努力这个副产品才会慢慢追上你。

有一部电影叫《美丽人生》,讲的是一对犹太父子被抓进了纳粹集中营。父亲为小儿子编织了一个美好的谎言,说我们正在参加一个游戏,别人打你骂你或让你吃点儿苦头呢,都是正常设定。你不能哭不能绝望不能放弃,坚持到末尾就有坦克送给你。

最终父亲为了保护儿子遇害了,做完"游戏"并逃出生天的儿子后来感慨说:"父亲留给了我一份最宝贵的财富。"

看第一遍我觉得这笔财富是乐观吧。看第二遍我觉得乐观还不够,还有耐心和坚毅。又看了几遍后我才发现,父亲给孩子蒙受的所有苦难，添加了一抹意义和兴趣。

当你把一切视作一场大型游戏，你会特别舍得卖力，奋斗得特别大开大合。

有朋友问我为啥你说胖就胖，说瘦立马就能让自己瘦下来，怎么这么有自控力？

我说因为我在做游戏嘛，特别想给参与这场人间大梦的人物，换上几种不同的外衣和体形。

这个概念，可能会改变你的生活

1

不知道你有没有发现过这样一种现象：有些事情，你在经历时，是蛮痛苦的，但在事后，你会感到挺幸福。且当时的痛苦感，是真的，过后回忆起来的幸福感，也是真的。

比如，备战高考。这件事我们大多数人都经历过。

如果你现在问我"韩大爷，你觉得高三那段时光怎么样啊？"

我会说"好啊，那真是永生难忘的绝妙体验。虽然有点儿辛苦，但那时候每天都很有目标感，过得充实又快乐。同学之间关系单纯，老师严厉中带着亲和。我做梦都想回到那段日子，可惜回不去了"。

但如果你恰好在我读高三时跑来问我："嘿，感觉如何啊，伙计？"

我会问"你有上吊绳吗？苦死了！天天做不完的题，刷不完的卷子，为了每次模拟考揪心，为了一年后的高考操心。每天起的比鸡早，睡得比狗晚。还要提防门后班主任的眼睛，同学之间借个笔都挨说，快赶上集中营了"。

你很纳闷"不是吧……我问未来的那个你来着，他说高三……可好了"。我只好咬牙切齿道"何方妖孽大放厥词？来，你让他把我数学卷子上倒数第二道大题第三问做一做"。

现在我们来看，哪个我说的是事实呢？

其实，都是事实。

但柯南有句名言：真相只有一个啊！

那为啥同样的事同样一个人都保持着诚恳的态度去看待，前后的感受与评价差距这么大呢？

这是因为，我们每个人的体内，都有两种自我。

一种叫"体验自我"；另一种叫"叙事自我"或"回忆自我。"

2

这个概念由著名心理学家丹尼尔·卡尼曼提出，新锐历史学家尤瓦尔·赫拉利在他的《未来简史》一书中也阐释过。

所谓的"体验自我"，指的是那个亲身经历着我们人生的自己，是每时每刻的意识和直接体验。

而"叙事自我"或"回忆自我"，指的是一个负责在事后整合我们的过去的旁观者角色，它是那个思考着我们人生的自己。它负责记录生活，挑选片段撰写成故事。

粗浅直白一点儿讲，体验自我这东西，它比较务实，比较"活在当下"，才不管你正在经历的事有啥意义，会不会成为精彩的人生故事呢，只顾经历的瞬间到底爽不爽。

而"叙事自我"或"回忆自我"这东西，就比较讲情怀和价值感意义感了。而且它在评判一件事时，会忽略你经历时的很多细节，只对这段故事的高潮和结局感兴趣。

所以当你让现在的我回眸高三那段时光，我会对你说有意义！很精彩！再来十遍也乐意！这样的生活才有声色！

你看，叙事自我跟你聊的关键词都是这类的。

而当你问正在经历高三的我，我也会老实交代：苦到家！不学了！那门课折磨得我头痛！这道题我不会做……

你看，体验自我不谈意义，只聊瞬间感受，哪怕过来人跟他说高三有意义。体验自我也会充耳不闻，因为它最在意的那个当下痛苦感，确实没打折。

网络上流行一句话：努力不一定成功，但不努力一定会很轻松哦。这句话之所以风靡，就在于它精准打击到了我们的体验自我。

但当你真的听了这话，干脆学也不念，班也不上了，浑浑噩噩一阵子，轻松感竟然成了你不能承受的生命之虚，与之相伴的除了钱紧，还有满满的疏离感、无意义感、手足无措与懊悔自责。因为，叙事自我找你来算账了……

3

其实类似的例子特别多。

比如，我们在出门旅行的过程中，其实会遇到很多不顺的事儿。

先是被出租车司机黑去50块钱，到达目的地发现比赤道还热。人山人海中好不容易掏出手机摆好表情刚要自拍，同行的小伙伴一副狰狞的面庞入画，摇着你头喊"旅店钥匙呢"？

一路降妖除魔累成劳模,刚要入睡,轰雷巨响,原来隔壁住户打起来了。

彼此相互埋怨,信誓旦旦,跟你出来就是作孽,后悔死我了!

结果到家两天后,朋友圈一发,小照片一修,配的文字却是好有意义的经历,无悔的人生就应当这样过。

这是什么?单纯的虚荣心吗?不全是。

因为后者也是真实的,只不过是叙事自我发威了。

4

那知道了这个概念,有啥用呢?

起码有两点益处:一是能帮你自律,二是能帮你调节幸福感,三是能帮你做人生决策。

我最近在减重,需要多跑跑步。我们知道,长跑对于初体验者来说,蛮难坚持的。

比如我总是在跑到某个特定距离时,意志最容易动摇,痛苦感最甚,最想放弃。这时产生放弃念头的,就是体验自我。我知道,它难受了。

怎么办?赶紧提前请出叙事自我镇场面啊!

所以每当我快坚持不住时,就对自己说现在的痛苦是体验自我的"幻觉",别信,信了的话叙事自我的幸福感就没了。

咬咬牙坚持住,用个两三分钟把体验自我拖垮,等跑完以后甚至在未来的日子里,叙事自我给你的幸福感成就感,是会加倍的,而体验自我感到的痛苦会随着时间磨没的。

就这样，本来最难熬的那个关卡，被我一次次迈过去了。

5

不知道你发现没有？人没钱的时候喜欢用钱买食物和用品，有钱了就爱拿钱买经历。

其实，这种消费升级的背后是观念的升级，因为人越来越意识到讨好叙事自我的意义了。

体验自我一时爽，却也很快凉凉；叙事自我却能一直把上佳的感受带进坟墓里。

所以从长远考虑，还真的是吃吃喝喝没意思，搞点儿事情才最欢乐。

当然，每个人的价值取向不同，有的人就是喜欢活在当下，有的人则拿回忆和对未来的兴奋感找乐，无关对错。

最重要的是，决策前搞懂自己最适合哪个。

心理学专家给出过一个简单的测试题：想象你即将开始一段旅程，那是个美丽的地方，你知道自己会享受在那里的时光。但旅程回来，你在那里拍下的所有照片、影像都会被立即销毁，同时你还必须吞下一颗让你遗忘这段旅程的药。若是如此，你还会选择去吗？

答案是，选择"会去"的人更重视体验自我的感受，而选择"不去"的人则更注重于满足叙事自我或记忆自我。

所以说"大城床还是小城房"的问题也别纠结了,就看你更偏重哪一个。

身边有朋友曾问我写文章苦不苦?我说写之前跟写的过程中可能是有点儿熬人。

他问我那你为啥还写呢?

很简单,因为那道测试题,我个人的答案是不去了。

人活一辈子，只有四件事

1

收到了一位高中生读者发来的私信。她在来信中说最近困扰她的问题特别多。

比如，面临高考，但自己有点儿不太想学习了；理想是寄情山野，当一名旅行作家，却被现实套牢着，这让坐在教室里的她每天都很焦灼；父母关系很不和睦，家庭氛围差到极点；身边有几个不太友好的同学，把她的坏话到处讲，导致某个朋友对她产生误会了。

这么多问题叠加在一起，让她感到生活像是四处漏水，自己却不知道该堵哪一个。

这位读者的烦恼其实很具有代表性。因为她面临的种种矛盾，看似杂乱无章，内在的类别却是极清楚的，且恰好对应上了我们普通人这一生中会遇到的四件事。

重要且紧急的事。

重要但不紧急的事。

紧急但不重要的事。

不紧急同时也不重要的事。

于是我便建议她，当前阶段一切思想行为的出发点和落脚点，都放在高考上。未来一年中做任何事的宗旨和原则只有一个：好好学习，冲击一个你能力范围内的最高分数。

理想很重要，想成为旅行作家也没有错，但可以搁一搁，一年或五年之后再去实现也可。如果真的连一年都等不及，那就证明它不是你的真正理想，只是化了妆的欲望，或逃避现实的手段之一罢了。

在未来一个星期内抓紧找个合适的时机与父母谈谈，并明确告知目前他们的情感不和，是严重影响你学习的。能改善请尽快改善，不能或是谈不拢，就把你送到亲戚家住一年或住校。

至于被几个同学说三道四或者闹了点儿小误会什么的，除非影响到你的主要目标或正常生活，否则理都不用理，交给时间就行了。

2

我为什么会给出这样的建议？

因为就目前这位小读者所处的人生阶段上来看，重要且紧急的事是高考。

紧急性自不必说，时间在那儿放着。重要性上讲，考到什么样的大学，在大概率上决定着你未来四五年甚至十余年内会遇到什么样的人，有着怎样的视野，享受怎样的求职资源，在什么样的环境下成长生活。

不要理会读书无用论，起码放在高考这件事面前，只不过是幸存者偏差导致的荒谬之谈罢了。

且高三备考投入回报率极大，出身一般的话，如果加把劲考好了，用俗话讲那真叫"捞上了"。而想成为旅行作家的理想呢，重要，但不紧急。

首先，是三观未定，在接触到更大的世界之前，你可能并不十分清楚自己真的想要什么，需要什么。

其次，在当前状况下，直奔理想的话，你将面临周遭的舆论阻力极大；与此同时你还没有什么底气与谈判筹码，无异于飞蛾扑火。

退一万步讲，实在想兼顾下，也可以趁每天读书读累了，看一看优秀旅行作家写的文章，了解下祖国各地的风景名胜、文化习俗、历史渊源等，这也不失为一种长线的准备工作。

至于父母关系失和，这事比较紧急，因为一天不处理，你就一天不安生。但按照突发事件处理就好，不要陷进去，求小成本，快解决，解决不了，赶快拿出替代方案，不能拖。

最后的一些流言蜚语啦，误会啦，在当前的年龄与圈子来看，可谓既不重要也不紧急，不值得你花费高昂的时间精力成本去维持。

误会会随着你对主要目标的追逐而渐渐消逝的；人群正态分布，到哪儿都会遇见几个看你不顺眼的人，惹不起可以躲；况且，你自己优秀了，就会发现朋友也不止这一拨，也许真正的知己站在你人生中间二十年的区间内等着你呢。

3

聊了这么多，其实无非是在谈四象限原理。这个矛盾归类方式很简单，却也很有效。

因为我们活一辈子，甭管你处于哪个人生阶段，缠绕你的无非也就这四件事。

把这四件事归纳清楚了，一来可以让你分清轻重缓急，有的放矢。二来可以把你从烟雾缭绕的问题泥沼中抽拔出来，给你一个更高更长远的视野去看当下的困难坎坷。风物长宜放眼量，这可以帮你做出更明智的决策。

至于把四件事分清楚以后，如何分配相应的投入成本，可以参考下"8820"法则。即用当前百分之八十的时间精力，应付那些重要且紧急的事。

如，学生的学业、职场人的本职工作。上层建筑对应的经济基础、理想对面站着的现实矛盾。

用持续的、小步伐高频率的、每天百分之八的力量与重视程度，不停关照那些重要但不紧急的事。

如，个人健康、生命中对你最重要的八九个人与你的情感维护、主打能力与经验的持续积累、辅助能力与第二专业或职业的准备工作、日常幸福感的提升、阅读、搜集信息、长见识、时间管理的优化。

用百分之百的速度但百分之二的重视程度，去处理那些紧急但不重要的事。

如，截止日期临近的突发任务，影响到前两件事执行或执行效率的沙石小河。

用微乎其微趋近于零的精力和态度，去对待那些既不重要，也不紧急的事。如果条件允许，你甚至可以花钱买别人的时间。

这方面的事简直太多，倘若你给自己一个小时静下心来想一想，就会发现：其实原来每天占用你时间生命的大部分事物，有百分之九十九点九，要么跟你没啥关系，要么完全是一时的情绪罢了。

4

说是四件事，其实最最需要思考和重视的，只有前两件事。

对于这两件事，我还有两点个人心得。

当你听到别人都在说类似于"什么什么事确实很重要，但也不是唯一重要的嘛"这样的句子时，你要注意，侧重记住前半句，别拿后半句骗自己。

如"钱确实很重要，但也不是唯一重要的嘛""学习确实很重要，但生活里还有其他的嘛""能力确实很重要，但还要兼顾一些为人处世的技巧嘛""好好工作确实很重要，但要平衡好生活嘛"。

当听到这样的句子时，别急着跟大伙矫枉过正，先告诉自己，我得先踏踏实实挣钱糊口；我得先好好学习，终生学习；我得先有足以傍身的能力。我兼顾生活之前，先要保证好好工作。

那是别人的话错了吗？不，这样的话全是对的，只不过正确到了一无是处的地步，便成了废话。

重要但不紧急的事，务必聚焦，不聚焦是毫无意义的。

比如，很多人想利用碎片化时间提升自己，然后一口气报了七八个领域和种类的付费网课。又是平面设计，又是PPT（幻灯片）教学，又是互联网思维，又是企业管理的。

精神可嘉，效果不大。

为啥？很简单：把有限的资源平摊到那么多篮子里，你就相当于在拿业余跟别人的专业搏。

越是碎片化的时间越要集中搜集起来，专攻一件或一方面的事。

电影《海上钢琴师》的主人公，一辈子也不下船。别人问他："外面的世界不精彩吗？"他说："精彩。但我只有一双手，是弹不了无限长的琴键的。"

重要但不紧急的事，虽然不必一口气吃成胖子，只需一点点去做；但要持续做，反复做、小步伐高频率地聚焦做。

希望你能时时提醒自己分清楚当下阶段的"人生四件事"。

愿你收获到一份结构更加优化且小而美的生活。

如何解决"间歇性踌躇满志,持续性混吃等死"

1

小时候家长总会提醒我们:你不要常立志,而要立长志。意思是说,与其频频自我鼓励,再频频自我放弃,莫不如抱定一个大志向,咱一路自律到底。

道理是懂了,也知道它是对的,可很多人就是做不到。

现实往往是,你下了一个决心,拟订了个计划,再绘制一长卷宏伟蓝图,瞬间感觉动力爆棚,刀山火海也要上,天下都是朕的。

可这股热乎劲顶多能持续两三天。假以时日,你迎来的并不是改变,而是一次次的打回原貌与自我厌烦。

故事还没有结束:过了一段懒汉日子后,你偶然间读到一篇励志文,看到案例里的主人公们一个个头悬梁锥刺股,最终走向人生巅峰。

此时,你感到脱胎换骨,大彻大悟,势要东山再起,绝地逆袭。

又是三五日过去,你再次丧失自控力。周而复始,心态再好的人也承受不住这样的打击。

绝望过后更多的是困惑:我怎么了?没有天赋也就罢了,难道说毅力也是天生的东西?好奇怪,为啥我一读鸡汤就来劲儿?是不是这种东西容易上瘾？难道"努努力"这种最低级的事儿也有门槛吗？我连这方面都不行？

思来想去，也只好勉强得出个简单粗暴的结论：看来我呀，就是这么个人，间歇性踌躇满志，持续性混吃等死。

2

可俗话说，死也得死个明白不是？

我们不妨来分析下这种普遍现象背后的原因。是什么导致了我们做完计划没两天就立马泄气呢？

这涉及到一个概念，叫作"道德许可"。用《自控力》一书中作者的解释就是说，当人做了好事情之后，就容易放纵自己做坏事情。

比如，在很多人潜意识里，拟订计划下决心，就相当于自己在做一件"好事情"。你可能疑惑：我只是刚刚拟订计划，还没"做"呢，我怎么可能觉得自己已经做了呢？

这其实是一种被隐藏得很深的人性。

你是没做任何实际的事，但计划给了你一个即将忍受痛苦、克制自己本性的预期。你心底觉得自己本性是懒惰的，但未来的日子即将要"克服"懒惰，你就会提前放纵下自己。

比如，你计划从明天或后天起，每天学习八个小时。紧接着你心底就会有个声音对你说"啊，你马上就要实施这么艰苦且违心的工程啦，快休息休息"。

或者是想象下等把计划执行完，你会变成个很厉害的人呢。

嗨，反正你注定成为很厉害的人了，早晚的事而已，那现在松一松没关系。

于是，每次"踌躇满志"后，你都会掉进一个短期的懒散陷阱。并且特别心安理得，因为你把它当成一种牺牲本我的应得奖励。

3

那为什么过了段时间，你读到一篇励志文后，又能立马猛醒呢？

原因就在于，励志文里的一些案例故事，无形间戳破了你的心理误区，让你发现，原来自己没做好事，只是在做应该的事。

比如，某篇文章里写，王健林每天早上四点起床；八十多岁的李嘉诚，每天早上五点起床；百度总裁李彦宏说他每天早上五点会被机会叫醒；篮球运动员科比发出了灵魂拷问：你见没见过凌晨四点的洛杉矶？

这时你觉悟了，振奋了。为什么？

因为以前做完计划就犒赏自己的你，一直是觉得：我即将做一些违背本性，需要用力，值得感动涕零的大好事。这种想法激发了你的"道德许可"心理。

而当旁人真真正正的"努力案例"摆到你眼前时，你猛然发现：原来这只是稀松平常的事，全世界的成功者都在努力。且他们也跟我一样，都是正常人，那么由此推得：原来努力和懒惰一样，都是我的本性之一。

如此，制订和执行计划于你而言就不意味着什么好事，而是你分内的事，顺着本性的事，自然而然的事。

所以准确来说，读励志文而热血一阵子的你，其实不是受到了什么激励和迷惑，而是被拖拽回了正常心理。

这个正常心理就是，懒惰，向往安逸的人，是你；但能自控，能自律，其实也是你。

于是，你再次收拾心情，打马上前去。

可由于被之前的心理误区影响得太深，你又是没能坚持几天，因为那种读完励志文而产生的正常心理不久就被你忘记。

所以你才像中了魔咒一样：订计划—觉得自己即将"做好事"—觉得不是自己，预估自己即将逆本性、受委屈—开启道德许可，提前奖励—奖励过度，懒散麻痹—看到他人真实的努力故事—发现制订与执行计划只是正常的事—恢复清醒，努力—忘记—再次懒散麻痹。

4

弄清楚原因，就方便对症下药了。

如何跳出这个怪圈呢？针对问题成因，有两点建议。

一、去道德化，发现自控的自己

你要充分意识到，我们人并不是只有冲动自我；我们还有自控自我。并不是嘴馋，吃了一块蛋糕的那个才是你；吃完蛋糕去跑步的那个，其实也是你。人性不全是坏的元素，除了一点儿懒惰外，想努力且真的会执行，这也是人性之一。

所以，订计划没什么值得奖励的，跑步也没什么可奖励的，做题也没什么可奖励的。你只是即将要做或正在做你本性上就愿意的事，你只是在做你自己。

如此一来，踌躇满志和立志时的兴奋完全可以打消了，更不必对执行阶段产生即将遭罪受苦的心理预期——要知道这是一种道德化的错觉，真相是，执行并不会让你受苦，反倒偷懒会让你痛苦不已，因为一味偷懒其实不是你的全部本性。

二、恒久接触真实，利用镜像原理

在上文中我们提到，当你读到他人努力的事实时，你会恢复清醒，摆脱道德化的误区，进而发奋起来。但我们不可能每天都靠读励志文来激励自己吧？有没有什么恒久一些的办法呢？

还真有，那就是，多跟勤奋的人在一起；多了解他们的真实信息。这是因为，我们的大脑中有一种镜像神经元，它唯一的任务就是像照镜子一样反映他人的行为，然后让你不自觉地去模仿。

比如看人打哈欠你也想打，跟体重飙升的人在一块生活你也渐渐变胖，都是镜像神经元在发挥威力。

我们可以将这个原理应用到正面上来，慢慢你会发现：多去泡图书馆自习室，你好像真的会变得更努力；多让学霸带着你学习，你在他身边也会变得勤动笔；抱团前进、互相监督，且保证监督制度有效执行,你仿佛真的就"有了毅力"。

以往我们都觉得这是所谓的"环境改变人",其实更进一步讲,这是在帮你走出"道德化"的误区,让你的潜意识看到人除了懒的另一种本性,让你少了一点儿自我感动自我奖励和误判衍生出的矫情,进而收获到本身就存在于你身体里的自控的自己。

当然,如果条件不具备,你也可以在墙上贴张白纸。

左边是一些作息时间表,右边贴上执行这些时间表的人名:科比、马化腾、李彦宏、马云、王健林。

可怕的是你自己都不知道自己在做什么

1

我们知道,烟瘾一旦染上,便很难彻底戒除。不光难戒除,即使你劝那些老烟枪减少点儿烟量,他们也会以各种理由回绝。仿佛每次抽烟都有十足充分的理由,每根香烟对他们来说,都是必须的。

然而事实真的如此吗?

记得曾在一本书中看到过一则有趣的实验。研究人员请来了几位已经12个小时没抽烟的老烟枪,先对他们做了点儿驾驭冲动的训练。

也不复杂,相当于告诉他们说,当冲动来了的时候,给自己至少一分钟的时间,去感受它,观察它;然后在行为上,不要按照自己的冲动去做事,而是按照自己的真实目标做事。

理论传授完毕,实验正式开始。研究人员给他们每人发了一包香烟。这对受试者来说可谓久旱逢甘霖啊!

但他们立马接收到一些令人抓狂的指令。

"别急着打开。拿起烟盒,看它两分钟"。

"拿出香烟,盯着香烟,再看两分钟"。

"把烟叼嘴里,但别点,再等两分钟"。

就这么来回折腾了一个多小时，一根渴望已久的香烟才真正被抽到。实验结束后，研究人员请受试者在未来一周内记录下自己每天抽了多少烟，心情如何。

结果出人意料：这些老烟枪的吸烟冲动竟然下降了百分之三十七。而且，这百分之三十七的量还不是被迫砍掉的，谁也没觉得难受，日子和以前一样过。

也就是说，至少有百分之三十七的烟，其实可抽可不抽；而大多数人至少有百分之三十七的烟，是无意识地摄入。既不为了满足烟瘾，也不是为了抵抗戒断反应，就这么稀里糊涂地抽了。

2

类似于这种稀里糊涂的无意识行为，在生活中还有很多。

比如吃。我们都知道，吃东西无非为了三点：填饱肚子抵抗饥饿、解解嘴馋改善生活、尝试新鲜搞美食鉴赏，也就这么多。

如果别人问，没有这三种需求的话，你还会选择吃东西吗？我们会理性地摇摇头，那应该就不会了。

然而现实里常出现这样的情景：你在家里宅了一天，百无聊赖，从客厅转悠到卧室，再从卧室走回客厅。抓心挠肝手足无措，于是你逛来逛去，就奔着冰箱去了……

可能你吃了一半才意识到自己在嚼东西，这时如果朋友打来电话说"我在你家楼下，出来玩玩呗"。你会说等我把东西吃完吗？不，你开心得扔下蛋糕就走了。

这块蛋糕对你来说，并非真实所需，只是你的社交需求没被满足时，空虚感转移造成的"错觉"。

但类似这种不必要的"蛋糕"，我们稀里糊涂地吃过太多太多。

心理学上把这种行为称作"情绪性进食"，对应的治愈方法叫"正念饮食法"。

比如，吃东西时别急着狼吞虎咽，放在嘴里细细品尝，闭上眼睛慢慢感受，想象下原产地制作流程什么的。

你发现没有？这种方式看上去特别，其实跟上文中戒烟实验的方法在原理上差不多，核心都是把人从无意识的状态里打捞出来，给自己点儿时间和机会，来看看自己在做什么。

进而来想想：这根烟真的那么必须否？你真的需要吃那么多吗？

3

我们不光会无意识地吸烟，无意识地饮食，有时我们还会无意识地颓废和娱乐。

不知道你有没有过类似这样的体验，比如手上有个活需要去做，但拖延症犯了。

这时你会有一系列堪称"匪夷所思"的行为：先去饮水机那里接点儿水，喝得直打嗝。然后捅捅这里捏捏那里，先把垃圾桶踢翻，再扶起来……

拿起手机，点开各种页面，伴随着忐忑的心率和时而涌现的一点点自责，着了魔一样刷呀，刷呀，一上午就过去了。

都说人是理性的动物，但这些真的是你的真实需求吗？都不论应不应该，只谈想不想，很有可能我们自己都还没有放松和休息的需求，但稀里糊涂地就玩手机玩到吐了。

这其实跟大脑的保护机制有关，当你拖延进度的时候，你会产生自责。这份自责如果持续升高，会威胁到你的自我评价，于是大脑就像哄小孩一样：来，别难过了，玩会儿手机。

可这时你还是半清醒的，边玩边偶尔想想我今天又拖延了，刚要自责，大脑立马过来哄你：快，别这么难过，咱再玩会儿。

于是，越玩越自责，越自责越被哄，越哄越玩，恶性循环导致你其实都不想玩，但你玩到了下午三点多……

所以说治愈拖延有个看似离谱实则有效的方法，那就是把你拖延空出来的那点儿时间，用来干点儿其他有意义的事，如整理电脑桌面或打扫房间什么的。

这样一来不算荒废；二来打断了大脑"哄你"的那一环，真正的充实感还有可能推动你"乘胜追击"去完成工作。

就怕拖延时破罐破摔，结果就是越摔越自责，越自责越想摔，你也就不难理解：为啥很多人都是拖了一上午，连带着一整天就废掉了；为啥说一日之计在于晨了。

4

　　人最可怕的一点并非做错事；比这更可怕的是，很多时候我们自己都不知道自己在做什么，无意识地就把不好的事给做了。

　　我们在不想抽烟的时候抽了太多烟；我们在不饿的时候却变成了吃货；我们在本不疲劳的状况下一次次选择娱乐……

　　万般怪象，原理就一个：其实存在着另一种需求，我们不愿承认或者压根就看不到，于是还以为是其他地方出了状况，就绕过真实需求，把不必要的事儿全干了。

　　所以有三个问题如金子般宝贵，可以时不时拿出来追问下自己：

　　你在干什么？

　　你为什么会这么做？

　　你这么做的背后，是否有其他的需求与动机在站着，那些真实的需求又是什么？

　　记得有位读者朋友曾发私信对我说："我这人，就是爱钱。我人生观价值观就是这样，已经定型了。我找工作就想找钱多的，我就是想知道有没有啥挣快钱的方法。"

　　我问了她一个问题："你说你这么爱钱，那如果你有了钱，打算怎么大肆挥霍呢？"

　　她说："不不，我估计那时我的生活方式跟现在也差不多，钱可能都存银行里，不花。但我每天看着那么大的数字，心里也舒服。"

　　我反问："那你确定你追求的是钱？而不是一种安全感吗？你

怕的可能不是贫穷本身，只是对生活和未知的失控感罢了。"

其实这种基础需求只要你踏踏实实工作几年，再成个家，慢慢是可以满足的。但如果你现在把货币本身误判成你的真实需求，可能弯路会走很多。

她想了半天回复道："看来，我是把手段当目的了。"

我们很多人都是这样，无意识地消费，却不知是在满足虚荣和攀比需求，其实自己不需要消费的；无意识地抢购，却不知是在满足"占不着便宜算吃亏"的被剥夺感，其实家里这类东西有很多。

我们无意识地做了太多太多事，这些事占用着我们的时间精力，有的甚至内化成我们的偏执与心魔。结果追到手不但没有满足感，反倒若有所失，因为你真的需要的那一个地方，仍然在空着。

人的本质或者说生命的本质无非就是一段时间，我们却在用这宝贵的时间去追逐那些"伪需求"，做着那么多"无意识"的事。

所以苏格拉底有句名言虽然简单，却流传千年：

"未经反思与省察的人生，它不值得一过。"

成功不简单，优秀却并不难

1

每当有人问我"如何变得更优秀""如何成为更好的自己"这种比较抽象的问题时，我都想给他们讲一个很具体的故事。

故事的主人公是我的小学同学，一个只能用平凡来形容的姑娘。

她的父母都是农民，家境平凡；称不上美若天仙魔鬼身材，外貌平凡；玩脑力急转弯只能看答案，智商平凡；从没刻意去交什么朋友，人脉平凡；大学读的不是顶尖高校，学历平凡；选择的并非金融法律计算机等高大上学科，专业平凡；毕业后无数人都选择外出奋斗，她却回到小城市就业，选择平凡；抽奖从来没中过，运气平凡；甚至连多么勤奋都称不上，从没见她苦大仇深地努力，也没挑灯奋战到几点，你看，她连内在资质都平凡。

她可以说是精准又"倒霉"地绕开了成功学所标榜的一切条件，可以说注定与积极的词汇无缘。

然而现实是怎样的呢？现实是，她从小学到中学年年考第一，大学时成绩也拔尖。

从数学专业毕业后，考到一所地级市的高中当老师。

生活上由于勤恳且节俭，这么多年也攒下点儿小钱。

平时工作张弛有度，教书育人还蛮有成就感。

人际关系上谁看她都顺眼，我们这群老同学也很乐意帮她解决困难。

最有意思的是，我听过不少朋友跟我说，她的人生打理得真好，我是真想跟她换。

2

你可能想不通，甚至觉得这不科学。"怎么啥条件都不具备，也没花多大的力气，人家的日子怎么就跟开了挂似的呢？"

其实连秘诀都谈不上，背后的道理很简单。

就拿学习来说，当很多同学都像疯了一样囤积资料，买回来后就放一边时；她一本课外书也不买，反倒把教材上的例题、习题和自己的错题反复做上好几遍。

当大伙都在比名次，要面子，趋之若鹜地报辅导班时，她一门心思听课，但凡有不懂的地方堵着老师问，有次把老师问得直烦。

当别人刚进大学校园，都在恶补厚黑学，在交往中玩心眼，她就闷头学专业课，不争不抢，一点点反思和改正自己不善于表达的习惯。

当大伙都在理想与现实间徘徊，抓头发想着"自己做什么工作不屈才"的时候；她选择爱上自己的工作，渐进式地提升业务水准，一干就是好多年。

她不聪明，不玩命，没捷径，没资源，但日子过得不比任何人差。

说来说去，只在一点：她有一种踏实的人生观。

什么是踏实的人生观？即对周遭脚下的事物，抱持着一种虔诚与郑重的态度，极致化地运用可以调配的资源。

精耕细作，很慢，却一直向前。话说一句是一句，事做一件是一件。不太焦虑，又耐得住寂寞。

认真聚焦当下的一切，不摇摆，亦不敷衍。

这话说起来简单，做起来呢，其实也挺简单。

但关口是，很多人都不属于如此，或羞于这般；熬不住，也憋不住，总想跳跃，想驰骋，想不踩梯子就上天，把一件并不复杂的事情，搞得像组装阿波罗十三。

所以有读者问我怎么成功时，我一言不回，因为成功这事儿不确定因素太多，能总结出道道的只适合卖大力丸。

但你若是问我如何变得优秀，如何"过得稍微好一点儿"，获得个不错的、中等甚至中上等的生活，那在下却有句肺腑之言相告：请抱定踏实的人生观。

3

放眼任何时代的年轻人，无不具备着一种特点，粗粗形容起来，无非"饥饿"二字。这种饥饿的状态，是把双刃剑。若逢时局动荡，顿可生成燎原之势——有冲劲，不足又不满。

但若恰逢太平年岁，参与的都是没硝烟的暗战，屁股上长钉子，就不算好事。见到什么都想扑上去，什么都剩不下，流走的却是生命的本质——时间。

我曾经开设过网络写作课，为了学习讲网络课的方法和技巧，特地自掏腰包购买了十多个音频付费专栏。

学到的不只是经验,我还发现了一种有趣的现象:任何一门网络课程,甭管开头多火爆,但后几堂课的收听率肯定会大幅滑坡。

由于在页面上能够看到每堂课的播放量,于是,我眼睁睁看着一个音频专栏,第一堂课的播放量超过十万,最后一堂课的收听次数,已不足两千。

假设一个人只能点击收听一次,且课程质量全程尚可的条件下,那么也就是说,有百分之九十八的人中途掉队,这里面有人半途而废,有人精力受限,但更可怕的是,有不少人这个班的课还没听懂、嚼烂,立马忙不迭地报了下一个班。

曾有位学员跟我诉苦:"我报了很多写作课,为啥技能还不见提升啊?现在连写什么都不知道啦。"

我说:"咱们的领读营里,曾经分享过100个社科类的小理论,你可以把它们消化一下,看看能不能结合到生活上,帮读者应用实践。"

他反问哪个课来着?我不禁扼腕:他曾是群里特别活跃的一员。

奋斗如吃饭,与其囫囵吞枣,不如细嚼慢咽。

4

曾有位读者对我说:"我好喜欢你的文章,每篇都有收获,我还特地收藏了不少呢。"

羞愧中带着一丝欢喜,我请她谈谈感受,给我的文字提点儿意见。顺便问她:"我的某某篇文章自己觉得不太通透,你读着感觉怎么样？"

我交代了题目，她却不知道是哪篇。尴尬之余我提醒了点儿那篇文章的核心意思，她却只反复答着"对，对，我收藏来着，收藏了。现在还在收藏夹里"。

我说不用找啦，说说感觉就行。她却只记得自己点过一个赞。

可能是我的文章太多或太烂，不易被记得吧。但我真的担心这种状况，会不会发生在大家学东西、读经典时。

要是这么个"收获"法，那不是白折腾吗？

所以每当我停笔一段时间，有读者催更时，我都会偶尔提醒下：不妨把我过去写的，您觉得有收获的文章，拿出来，再看一遍。

5

曾有位我很敬重的学者，说过这样一句话：如果人每天能保证三个小时货真价实不分心的学习，十年就能成大儒了。

不爱说绝对之词的史蒂芬·金也讲过，每天写作两个小时，十年之后必成优秀作家。

我在给学员补写作课时也引用过一位美国作者的名言：如果你能坚持每天花两三个钟头，去研究那些优秀的报章名篇，去感受去比较，不出两个月，就会形成通顺的语感。

这些事情都不需要你闻鸡起舞，愁眉苦脸，手足无措，凿壁偷光，但十个人有九个不爱干。

为啥，还不是周期长，见效慢，掺杂点儿自我怀疑外加环境对焦虑的渲染。

但坚持下来的，都是尖子。

我知道一万小时定律不绝对，需要刻意练习又有点儿限制条件，但更令人惋惜的是，为了所谓的有效努力，竟有人把必要的时间付出推翻。

曾有人说："我之所以每天搜集信息，迟迟不行动，就是为了寻找最优方法，避免假努力。"

气得我直接回了一句"拜托您，先'假努力'一阶段"。

这个时代，成功的通道可能在渐渐闭合，变得优秀的大门却永远敞开。就连被鼓吹得神乎其神的赚钱，对普通人来讲也并没那么玄：无非是杀下心来弄个一技之长，然后让你的一技之长与市场需求和社会价值存在交点。

换句话讲，就是干一件事，让这件事对别人有用，然后再让这件事能服务的人多一点儿。如果想提高服务单价，还可以把这件事干得更精专。

可关键是，一问你有什么特长，不少人就说"我的特长是给理财的文章点赞……"

富兰克林曾说："我从未见过一个早起、勤奋、谨慎、诚实的人对运气有什么埋怨。"

我也想说，我从未见过哪个每天甘愿逃出来两三个小时，踏踏实实瞄准做事的人，抱怨优秀很难。

"贵有恒，何必三更眠五更起；最无益，只怕一日曝十日寒"。

ZHESI PIAN

这世界上最有力的一句话不是
"我赢了,我最无敌!"
而是"我不怕,咱们继续"。

Chapter 5
哲思篇

除了横刀立马,你还可以给这世界放一场烟花

1

曾经收到一封读者朋友发来的私信。他说他假期在家时,遇到了一个令他矛盾的问题。

他有一位叔叔,事业有成,衣锦还乡,到家中做客寒暄过后,向他阐述了一通人生哲理,总结起来就是,一定要好好赚钱,赚大钱,有钱谁见你都亲。

他还有一个舅舅,相比起来穷得很,但会说话通人情,跟谁的关系都不差。舅舅也煞有介事地对他感慨道,金钱和事业都不能解决所有问题,人关键还是得活得有趣,人生最重要的是感情。

他先后听了两种不同的看法,产生疑惑:那到底是"奔钱去"还是"奔人去"呢?谁说的才是对的呢?

本来我对这样的问题也是没有答案的,毕竟两者兼得不现实;如果孤立地比较优劣,小确幸和大野心的价值,也是因人而异、因时制宜。

但最近我在一家饭馆的墙面上看到一句话,说得很不赖。这话应该很多人都听过,那就是,吃什么不重要;和谁吃很重要。意思很好理解,酒逢知己,可以光嚼花生米;话不投机,龙虾鲍鱼吃着

也像吞钢钉。

但还有一点没说,那就是即便遇到知己,只点钢钉来下酒也是喝不下去的。

所以最起码要保证兜兜里的银两买得起花生米;可一旦跃过这条红线,还在这个方向上不断执着加持,就会受限于边际效益递减规律。这时需要提醒自己放开眼界心胸,在其他的层面上修为精进。

前期的工作决定了你和朋友最起码能吃到什么;后期的工作决定了你的朋友在"和谁吃"。

2

我见过不少人在"吃什么"的方向上努力卖命,却走得太远忘记了为什么出发,更忘记了"和谁吃"的重要性。

结果往往是总算拼下了一桌上等酒席,落座后面面相觑,有的人味蕾已不再敏感,狼吞虎咽的时间紧迫感延续到了谈天品茗。有的人干脆连胃口都丢掉了,要么是积劳成疾,要么被丛林法则浸染过甚,甭说跟别人了,跟自己都话不投机。

这是一个蛮悲哀的过程:大伙目光聚焦在"吃什么"上太久,突然要把视线抬起来落在一张张活生生的脸上,而非人民币,就难免有些不适应。没别的办法,只好埋头吃吧,吃吧,把用汗水换来的大鱼大肉疯狂捅进嗓子眼儿,偶尔抬头换口气,却看到了每个人脸上都写着不开心。

我知道很难对大机器上运转的螺丝钉讲"嘿,生活还有些别的事情"。

因为只会换来或傲慢或无望的反问:那些"别的事情",是否有利于我升职加薪?

更极端也更令人无奈的状况是,有些人光是为了"吃什么"的问题,就已经用尽全力。这时你对他说"和谁吃"的重要性仿佛就是种苛刻或"何不食肉糜"。他会说"我真的再无时间跟余地"。

然而事实当真如此吗?

我们忽略了前提,那就是,在改善"和谁吃"的道路上,并不需要动用或损耗你"吃什么"方向上的力。

3

曾经在租房时看到一则信息。那是一个不到五十平方米的小小房间,卖家为了招揽租客,特地打出条委婉的广告语:一个人住,宽敞;一家人住,温馨。

我们都知道这只不过是种巧妙的说辞罢了。但仔细想来,却有值得玩味之处。

一个人住宽敞是自然。一家人住,一定会温馨吗?这就要分情况了。

这五十平方米,我们通常会以为是对孩子的考验,其实它也在考验"一家之主"的心性。

也就是说很可能孩子们都不觉得有什么,但父母由于太过要强,或自卑,或敏感,或悲观,或匮乏感严重,那这狭窄的方圆几乎注定会上演一出出闹剧。

但如果大家都是乐天派,过日子就像做游戏,不把这些看太重,一齐将目光投射到五十平方米大的圆心以外的开阔空间里,如此这般,保不齐还真能出现广告语里的"温馨"。

《送东阳马生序》里有这样一句:以中有足乐者,不知口体之奉不若人也。

上层建筑竟然改变了经济基础的影响力?这么说有点儿唯心。但在经济基础之上还能看到"和谁吃""和谁住"的问题,这样的日子会比同等条件下那个未曾看到该问题的你更开心。

所谓的"和谁",不是和别人,而是和"过去的自己"相比。

4

在个体的世界里,我从不敢对"阿Q精神"大肆批评。我知道这种批评很"正确"也很"容易",但人生实苦,先把精神胜利攥在手里也未尝不是一招明智的棋。

其实本身就没什么,单方面以物质或几个要素的部分叠加来肯定或否定一个人的全部价值,本身就是现代社会的一种畸形。

阻碍之一是我们哪怕自己能接受,但还是对他人对自己的接受与否抱有担心。

就像我的另一位读者朋友跟我讲"其实我自己欲望没多大,勉强小康也可以;但我总怕父母会因此对我失望,甚至寒心"。

我反问他:"你会因为自己的爸爸财富不如马云们而觉得他不是一个好爸爸吗?你父亲给予你的不仅仅是物质资助,还有很多我不说你自己也清楚的东西。"

那么同样,父母看我们也是同理。期待和底线是有区别的,别给自己那么多未经证实过的压力。

如果你不能当一个牛哄哄的儿子,你还可以当一个不计较的儿子。

如果你不能当一个开豪车的父亲,你还可以当一个幽默的父亲。

如果你不能当一个成功的朋友,你还可以当一个有意思的朋友。

第二个好消息是,后者完全不影响你在前者上努力。

5

我看电影很难被情节感动,但没想到把我惹哭了的,竟是一部毫无哭点的喜剧电影。

可能导演都没想那么多,真是观者有心。

电影《西虹市首富》里,一夜暴富的王多鱼不知道怎么糟蹋钱好了,想出了一个全城大放烟花的办法。

本来他的动机很单纯,就是为了烧钱,其他没考虑,但无意间促成了不少好事。

镜头切换到这个欲望都市里的各个角落:几个刚刚下班的人,难得地在夜晚仰望天空,欣赏这片刻的美丽。

一只小狗走到小猫身边蹲下,暂时忘却了狗粮猫粮,把目光投射到苍穹里。

触动到我的是这一幕:万家灯火的某一个窗口,一对小两口正打得不可开交。女人边绝望地哭骂,边愤恨地打着累得不还手的老公。这时,窗外烟花绽放,蒸发了眼下脚边的一切噪乱,将人从柴米里抽拔出来,女人一把搂过男人,他们拥吻在一起,既突然,又是那么合情合理。

这就是平凡生活里的罗曼蒂克,这不是艺术的加工和想象,这本身就是我们生活硬币另一面的原貌,只不过,我们经常忘记。

烟花再美也是一瞬间?君不知,当你回眸一生,你想不起来自己吃了几顿饭,活在哪个钱眼儿里,你发现你正是存活于这些瞬间的记忆里。

不管能不能横刀立马,都请记得你还可以为人世留下一场烟花。

这不是两者只能取其一,这是一道多选题。

迷茫的时候该做点儿什么

1

很多读者都问过我这样的问题：我现在很迷茫，我该怎么做？有什么办法可以让我快点儿走出迷茫期吗？

其实，迷茫的状况每个人都经历过，其痛苦自不必多说，而我之所以能对这个问题分享点儿经验，也正是因为我亦经历过深不见底的迷茫，次数还挺多。

这不光是个普遍性的问题，这还是个有间歇性和长久性的问题，并不是说迷茫就是矫情，或仅是弱小者的特色；活得极清楚极聪明的人也同样迷茫过，且这种迷茫更严重，一旦发生还不好根治，因为他已然什么都不信了。

迷茫同样不只是"年轻人"的特权，我爸还跟我念叨过自己很迷茫。毕竟任何年龄都会遇到一种对眼前境况的手足无措，毕竟每个人都是第一次活着。

所以在想怎么办之前我们首先应该对这个事脱敏，别把它看得太大太重，一个兼具普遍性和长远性的问题就已然算不得什么问题，只像感冒一样，是免疫系统在工作的正常现象罢了。

更别提多少人是在知道了"迷茫"这个词以后，才开始迷茫得频繁起来；在那之前压根没什么确切感觉，一般都是咬咬牙，挺挺便过去了。所以太过关注迷茫的行为本身，就已经成为你迷茫的起因之一，这又让我想起了薛定谔……

2

给迷茫一个下马威之后，我们再来谈谈具体操作层面应该注意的事情。

我首先要分享给你的，不是迷茫发生后要做什么，而是先别做什么。

第一，不要熬夜，别由着不安的心灵在此时漫无目的地胡思乱想，别躺在床上辗转反侧。如果发生失眠的情况，请在白天适当加大肉体的运动量，晚上早点儿上床，保证充足睡眠，相信我，一觉醒来你会好很多。

第二，不要病急乱投医。你迷茫的时候，人生导师最多。你作为需求方有抓住救命稻草的急切，很多人作为供给方又有满足表达欲，或通过见到你的失衡来达到自己内心平衡的小邪恶，干柴遇烈火，最容易把你烧得头脑发热。

如果组个局，把各位"导师"邀到一张饭桌，那就有可能四面八方都是建议，但没有一条是适合你的。

第三不要急于填充时间。身陷迷茫中的人会有极强的空虚感和紧迫感，一边手脚无处施展，一边又着急，所以迷茫者最可怕的地方不是手懒而是手痒，这时人的手就像个巨大磁铁一样，看什么都想扑上去，或吸过来，你给他个树杈，他能把大海给你填平。

看看我们都曾吸过来什么吧：零食、游戏、毫无计划于目标感的行动、酒局、被窝、朋友圈和微博……

以上隔靴搔痒的行动会给你一种我很忙的错觉，但治标不治本，反倒是走得越远差出去越多，有这段时间还不如空着。

空着干什么呢？那就要说说迷茫期真正需要做的事情了。

3

首先要保持信息的充分摄入。这个信息包括系统外部的信息和系统内部的信息。

先说外部信息。上文提到不要四处找人生导师，那个"导师"是有讽刺意味的，但真正的导师一定要找，且一定要找高质的。

假如你是个学生，对学业很迷茫，那就多和班主任或各科老师聊聊，你这种问题他们遇见过好多次的。

假如你即将毕业，迷茫于考研还是找工作，那就找在这两个方向上都走出一段路的前辈聊聊，注意两伙人都要找，否则某一伙会为了自我防御而贬低另一伙的选择。

假如你是职场小白，迷茫于事业发展，那就找你的leader（领导）聊聊。公共场合不合适就私下谈，怕他不搭理你，就帮他干点儿活，比如开车送他去某个地方，在干活的过程中就可以顺便聊几句了。

他们都有可能走过你来时的路，有可能一两句话就把你的矛盾给点破，当然，人是有差异的，所以唯一的风险就是他们的话好是好，但未必适合。

所以我们还要保证内部信息的摄入。

内部信息，就是关于"你"的信息。在迷茫期里你要多跟自我对话，像交朋友一样去一点点深入了解下自己，关于自己的喜好、特长、性格、观念，等等。

冥想虽然成了烂大街的词汇，但确实挺管用的。前北大校长傅斯年有句话说得很对："一天只有21小时，其余3小时是用来沉思的。"

只有把这3小时过好，你才有可能把剩余的21小时的路走好。

在这宝贵的"内部信息摄入"期间，请保持安静独处，且纯然些，没有手机，只有自己，当然，可以有书，只不过在读的时候，要多想想"那么我呢"？

4

在摄入了充分的内部与外部信息之后，你的脑海中肯定有了些乱糟糟的想法。这些想法包括你在摄入信息之前的，它们有点儿像你的"本我"，也有很多是新进来的，有点儿像你的"超我"。

为了让它们融合成你的新自我，就要放它们去斗。在哪里斗呢？在纸上。

所以这时可以拿起纸笔，将脑海中想到的一切，一一实录下来。注意，是实录哦，要坦诚，要真实，不用羞涩，反正别人也不会看，只跟你自己有关。

你可以写你的困惑，写当前最在意什么，写有什么想法对策，写关于未来的计划，什么都可以，只要是你脑子里的，就放胆实录下来。

由于经历过内部与外部信息的充分摄入，又没做过上文中那些不要做的事，也没被噪声信息干扰过，所以这时你的脑子既丰富又清楚，写着写着就会有了个大概框架。

最后就是执行你的想法。所谓万事开头难，对于刚刚经历迷茫期的你，开起行动的头是难上加难。但这又是重中之重，怎么办呢？

答案是，最好在行动的第一阶段就把自己放入"应然环境"里，让"他律"送你一程，把你的节奏带起来再说。

比如你经过前期所有的工作，最终决定下一步我要考某个证书。那最好在行动的开始阶段给自己报个培训班，哪怕只上一个月即可。或者你决心学习点儿什么技能，千万记得结伴组队而行。

因为执行的第一阶段容不得状态回缩，对于刚刚摆脱迷茫的你，急需行动的正反馈来加固胜利成果。如果此时没有环境干预，自己硬着头皮开头，很容易一个没控制住又懈怠下来，掉回"实然环境"，这个负面影响太大了：它会让你再次陷入自我怀疑和路线怀疑，进而再次掉进那个叫作迷茫的旋涡。

而当你能把迷茫时放出去的精力收回来，把不必要的注意力拿回来，多吸取优质的内外部信息，并通过与自己的真实碰撞来将它们整合，在采取新行动时先将环境控制好，那么，新的生活，也就要开始了。

人生无法精算

1

曾有位刚毕业不久的读者朋友对我说,他想去北京发展。

但周围的亲朋好友普遍不太支持。如果仅仅因为思想僵化保守,也不足为虑。关键是大伙的分析还头头是道,有理有据。比如:

"你看,咱们家条件一般,也没什么底子和资源,你在外面我们都帮不上忙啊。"

"在家乡城市工作,虽然赚的少点儿,可消费也低啊,而且还清闲。"

"北京机会是多,可竞争这些机会的高手也多啊,你怎么能确保自己是人群的四分之一,而不是四分之三?"

"你算算,你哪怕不吃不喝干一辈子,有可能在北京攒下一套房吗?"

"想想吧,年轻人,要想活得舒服,在北京的收入起码要是家乡收入的三五倍,而且你现在去北京再想回头就很难,等攒够底子了再去转转也来得及嘛,注意哦,一个是单选一个双选。"

这么多对比分析往桌面上一拍,顿时形成了"去就是傻"的一边倒态势。

读者朋友却说："我在充分理解了上述信息以后，还是想去。只不过需要你给我一个去的理由。"

坦诚讲，这道"辩题"真的好难，不过既然这位读者如此"一往无前"，我们就另开一个角度来谈谈。

我希望这个角度对大家生活中的其他事情也能有点儿启发，它叫作：人生无法精算。

2

我不知道大家玩没玩过类似"吃鸡"的游戏——100来人放到"战场"里厮杀，胜者为王，扛到最后的是赢家。我平时不接触游戏，但最近也试着玩了玩。

像我们这种"初入行"的选手，刚一上战场，往往胜负心都比较重（这点在篮球场上也一样）。

所以最开始我会怎么做呢？我常常会搜集好一大堆武器装备，找个僻静无人的角落躲起来。那种地方属于敌人轻易看不见我，我也看不到敌人的，能够在长达二十分钟的时间内井水不犯河水。

只不过到最后，外面的搏杀中留下来的高手迟早还是会找到我，我也还是会被淘汰。

之所以坚持这么做，就是想让自己尽可能"活得久一点儿"，这样最后哪怕输了，名次也会靠前，面上挺好看。

求什么得什么，我自然十次有九次排在前二十名咯。可坦诚讲，我一点儿也不开心。

是的，我够"理智"，够"算计"，结果对我这个新人来讲也够漂亮，但我就是不开心。

后来我也想到了为啥，玩游戏嘛，玩嘛，玩的哪里是结果啊，玩的是体验。

想不被淘汰干脆不玩就可以了啊，可你上了战场，却不以火一样的激情与孤勇参与到广阔的战争海洋里，你就算千年老二，也比不上那个发现过许多新奇装备，跑过很多地形路线，经历过无数次心跳加快的倒数第二来得爽啊。

安全的优势就只是安全；未知的劣势也仅仅是未知，但它好的一面，是世界上最精妙的仪器都无法量化出的无价之宝——你荡气回肠后的满足的心安。

3

我叔叔家有个妹妹，和我性格以及生活观念截然相反。

记得我读大学那会儿，每顿的伙食费是要在本本上记账的。算法也比较"科学"，总体生活标准除以一个月的三十天。每天我按平均价格吃饭，吃得不算好，但也没亏到过自己，蛮明智对不对？

可到了妹妹读大学时，情况翻天覆地，她为了凑齐一顿生猛海鲜，甘愿吃二十九天方便面。最初我嘲笑她："就你这智商还配叫大学生？二十九跟一谁大谁小都算不准了？"她依旧我行我素，但也说不出所以然。

几年后家里爷爷胃癌住院，我常和妹妹去照顾。我们家癌症病人多,你知道人接触生离死别久了自然会联想到自己。

一天我跟妹妹一左一右坐在病床边,看着买来的一大堆美味,爷爷一口都不能吃。

当时我就想:如果躺在那里的人是我或妹妹,回想这一生,到底算谁活明白了呢?还真不好说。

霎时间又想起了梁实秋老爷子跟"糯米藕"的桥段。在散文集《雅舍谈吃》里,梁老先生提到自己小时候为了买四个铜板一份的糯米藕,常常要一饿饿一天,用牙缝里挤出的早饭钱去换。

结果多年以后,梁老爷子都七十一岁高龄了,仍念念不忘着那份浇着红糖汁的糯米藕。

那一定是一种连高等函数都说不清的香甜。

4

规划终归是好事,但人生无法精算。

无法精算的原因倒不在于人生是多么稀里糊涂,不,人生精妙得很,精妙到所有偶然均是必然;无奈我们凡人参不透其中真意至理,所以妄图把生活算计了的人都要为自以为是买单。

所以说在真正接触之前,我们所有的判断也就仅仅是判断。接触之后你才真正能切肤地体会到薛定谔的猫到底死没死,那个给你内心作用的结果到底是塌缩到哪一边。

就好比养猫。如果不尝试养一养,光凭利弊分析,精打细算,那家猫的存活数量会比大熊猫还惨。

你看，一个月下来，猫粮小一千，自己生病靠硬挺，主子生病还要去死贵死贵的宠物医院，阉割不忍心，不割瞎叫唤，猫砂猫毛飞天遁地，一顶铲屎官的帽子剥夺了我们生而为人的全部尊严。

付出这么多好歹给点儿回报也成吧？结果摸也不让摸，和你的物理距离永远相隔一米远。狗子还知道看家护院叼飞盘呢，喵大人心情好了只会叼只死老鼠给你看看……

从理性上讲，我们有理由推断"猫奴"们的智力是跌破基准线的，然而我们前赴后继地成为猫奴。它蹭一下你的腿，它在你头顶打一声呼噜你就觉得一切都值得，这账你说怎么算？

这种现象顺便可以解释一下为什么"听了很多道理，却依然过不好这一生"了。

因为人在主观世界需要搞懂的一切在你大学毕业前基本就都能说出个一二三了，但你还是需要撞击一下客观世界，才能把自己打碎，将主客观合二为一，形成真正的理念。

养猫就是你的客观世界。对人生的算计都属于养猫之前。

5

人会因为患得患失，或被特定阶段的特定矛盾遮住眼，而忽略许多潜伏在海平面以下的东西。

我们的基因里自带有对不确定性的恐惧，它可以帮助我们远离危险。

可风物长宜放眼量，如果拿人生来说，其实结局确定得很啊，人生的终局无非是，我们都会死（搞不好你还不知道早晚）。

当我们走近死亡的门槛，回头一望便会发现，这一生像极了打水的竹篮。时间尺度越长，篮子的洞口越宽，宽到车子房子票子面子都会从洞口漏下去的。

唯有体验与经历是海草，细若游丝，挥刀则断；但同样唯有它们，能附着到你竹篮的边，不论洞口有多宽。

高晓松在节目里说，面对面硬刚的话，诗与远方永远是打不动苟且的。

那这篇文字的结尾就用个忘了是从哪里听到的小故事来绕一下吧，我们不打，我们纠缠。

话说随着科技的发展，某一天机器人跟正常人类已别无二致，往那里一站你根本分不清谁是人谁是机器。

后来大伙总结出一条经验，终于分得开啦。

那就是，只有我们人，才会做一些漫无目的，甚至是莫名其妙的事。

别让假性情绪干扰到你

1

小的时候性子急,去哪儿都要跑着去。在外面跑得多了,难免摔跤。回到家指着伤口跟父母诉苦,父母却十次有九次责备说:"你看你!一点儿不知道小心,跑步不知道看路的吗?该。"

我心想,明明是你们的宝贝儿子受伤了,这才是重点。怎么反倒教训我一顿呢?

类似的状况接连发生,我小小玻璃心里的这道坎,也就一直过不去。

直到有一次,大人们都不在,我照看弟弟。一转身的工夫,人没了。不到十分钟小家伙哭唧唧跑回来跟我说:"我刚刚去马路上玩,一辆车开过来,可快了,差点儿把我撞到。"

我问:"车呢?"他答:"跑了。"

你猜我怎么说?按理说,我应该安慰他,抱抱他什么的,毕竟他是"受害者"嘛。

但我的第一反应竟和父母如出一辙:"你怎么这么皮?过马路不会看车吗?再有下次看我怎么收拾你!"

2

弟弟自然如小时候的我一般,委屈地抹眼泪,估计在心里也会偷偷埋怨:什么破哥哥,对我没有一丁点儿感情。

但这件事让我彻底原谅了当初父母的反应。我也才明白过来,他们当初发火,不是冲我,就像我发火也不是冲弟弟。

甚至可以说,在现实情境中,这种"责备"是种必须。一来能让我和弟弟长记性,以后注意安全,加小心。二来确实不得已,他们又能怎么办?总不能去找绊倒我的树枝报仇吧?弟弟也没受伤,我也不可能像影视剧里一样拿把枪去千里追司机。

难不成要父母责备自己?也不太近人情。他们虽是监护人,却无法保证每一秒都护在我身边。又在情急之下,脱口而出一句:"哎呀,你怎么这么不知道小心!"完全可以理解。

这时的话是没有对象的,这种话也不能当话来听,仅仅是传播者在表达一种心情。

3

这件事也让我明白一个道理:他人给你的情绪,你不必都接着。别人发火生气或者对你说不好听的话,那未必是针对你。

有的时候是宣泄,有的时候是满足心理所需,有的时候受制于种种元素导致他们必须那样讲,有的时候,只是他们自己的问题。

就像我的一位朋友,刚进单位时是个非常优秀的姑娘。直属上级也非常欣赏她,私下里以姐妹相称,夸赞之余难掩宠爱之情。可一进办公室，领导立马严肃冷漠起来，这种变脸屡屡发生，让她很不适应。

最"离奇"的一次，是她代表单位去参加某个比赛，领导在办公室对她说："你这次好好比，你上次的表现就让我很失望。"

她别提多失落，心想："完了，我让领导失望了，她肯定是看不上我这个人了。"没承想刚下班，领导就从后面追上她："走呀！妹妹，一起吃饭去？"

这种事几乎让她崩溃，跟我反复念叨，实在是摸不透她的脾气。

我笑着劝她，你不需要猜她脾气，你只需要分清楚你们的关系。你不必太在意你们的谈话内容，无论她在办公室跟你说什么，都不是冲你这个人去的，也不会影响到你们办公室外的感情。

当她再在办公室对你说些冷话时，你就在心里告诉自己：她聊的不是话，是关系；她的发火、冷静、停顿、拉长音等，都是"战术所需"，甚至有点儿像"演戏"，我不必想太多，执行就行。

没过多久，朋友终于能把这些处理得游刃有余。

4

记得刚毕业时，与一位同学吃饭。他进入职场比我早，我就打算向他取取经，问他在公司内需要注意什么问题。

他提到一点让我印象很深：有一种冲突叫战略性冲突，当它发生时你不要当真，别觉得对方在刻意整你，也不必自责，或过度反思是不是自己这个"人"哪里有问题。

它只是一种普遍的职场特殊现象，有时候必要的"争吵"能激发创意，一方必要的"强势"能推动团队效率。

这就像甲请乙吃饭，甲问吃什么？乙说啥都行。

甲看似很冲地怼了乙一句："老板，来份儿啥都行。"这时乙才反应过来，赶忙说："给我来份炒饼。"

难道从这种情境我们就该推测出甲这个人很刻薄？或者甲对乙有意见？

都不是，甲的情绪是环境下的必要，对乙来说，算假性情绪。如果不这样，相互你一句我一句地推辞，两人是很和谐，但一道菜也点不下去。

5

除了父母跟孩子对话时的情急之语、领导跟下属对话时的战术性冷漠、同事之间常发生的战略性冲突外，日常生活中还有种"假性情绪"，你完全不必太在意。

那就是，对方的问题。

有的时候，是对方在跟你沟通时，生理状况不太好。

我们都知道一个人在被病痛折磨时会心焦，甚至在氧气不够充足的环境下跟你交流，都会影响到他的神色、语气。

这时如果对方话语里有情绪，不是冲你，他的情绪只是"假性情绪"。

有的时候，是对方在跟你沟通时，表面上是一个人，背后却站着家里面突发的一大堆状况——公司里刚才和同事犯急，上午因为没送孩子上学被老婆批评，找到你之前，吃方便面把手机掉到汤里……

这时如果对方话语里有情绪，不是冲你，他的情绪只是"假性情绪"。

6

当一个人能意识到与他产生交集的对象，是有可能存在假性情绪的时候，他就会更能包容他人，也更容易放过自己，也会活得更洒脱，更开心。

忘了是哪位明星，接受专访时，主持人问他："你怎样看待网络上的一些负面评论，甚至有人专门去你微博上进行言语攻击。"

他释然道："批评建议的话就有则改之，无则加勉呗。"

要是遇到些人身攻击，我就问问自己：他这样的话，敢当着我的面说吗？于是我发现，不是我的问题，也不是他的问题，只是互联网释放了人的一些动物性。

7

当一个人能意识到与他产生交集的对象，是有可能存在假性情绪的时候，他就会收获到更多也更有质感和韧性的友谊。

曾有读者朋友向我倾诉道："我越来越不敢发朋友圈了。有时我买件新衣服，拍个照分享下，就被人说秀晒炫。有时我只是单纯地转发个链接，就有人在下面酸酸地评论：哟，还关心上了时事问题。有时我说我喝了杯咖啡，就有人含糊其辞地说'有的人哪，都到中年了，还在装小清新'。你说，是不是他们羡慕嫉妒恨？还是我被针对了？或者真是我有毛病？"

我跟读者讲了点儿自己的经历。当我过年回家的时候，母亲偶尔会提到一些同辈人的发展状况。比如，某某都当上大公司主管啦。

每当此时，我就会情不自禁地说"哼，有什么了不起，天天忙得脚打屁股，有什么了不起"。

注意，我是对那个人有意见吗？不，我都不认识他。我是吃不着葡萄说葡萄酸？也不，我觉得我过得也挺甜蜜。

那是为啥呢？就是咱们人这种生物啊，在摆脱幼稚之前，会特别脆弱和狭隘：生怕自己的生活方式"不正确"，每分每秒在每个领域都想通过把他人压下去，来展示自己的优越性。

这种优越性不全是给别人看，主要用来说服自己，安慰自己，仿佛在潜意识里对自己说"你活得对，咱的道路没啥毛病"。

这与其说是嫉妒、虚荣，其实就是脆弱和狭隘，脆弱到草木皆兵，处处树假想敌，狭隘到看不见多元性。

这种反应，不是针对你一个人，这种情绪，也是一种假性情绪。况且谁也无法完全脱俗，不必挂心。

8

　　意识到假性情绪的存在,是人走向自我和解的最佳途径。

　　早晚你会发现,我们表面上都是黑头发黄皮肤黑眼睛,但人跟人真的不一样。并不是每一条鱼都生存在同一片大海里。

　　早晚你也会明白,人在世上走,七情六欲缠绕,贪嗔痴功利名,没人能走得干净。谁的心里没点儿坑儿?谁的成长经历没留下点儿阴影?谁又能保证没有一点儿病。

　　当问题成了每个人的共性,那就不算什么问题,只是个可爱的游戏设定。在这场人间游戏里,不必事事计较,更不必事事当真。

　　进而你也会明白,你还没真正了解自己,他人说出来的话也都没有百分百的正确性。

　　所以,你不是标准的尺子,别人也不是。他人的看法之所以不能衡量你的价值,原因就在这里。

　　知道哪些情绪是假的,哪些反馈是失了准的,才能轻松活出真的自己。

愿你输在起点，赢在终局

1

初中时的一次历史考试，复习时间只有十五天。我对这类科目倒是蛮感兴趣，但特别讨厌背知识点。

然而要命的是，考试就考知识点，书上印的也都是知识点，老师考前还不给划重点。当时心想，我背不完，别人也背不完，既然大家注定都考不好，那就干脆不复习了。

于是当大伙用双手捂住耳朵，嘴角唾沫横飞地念经时，放任自流的我只把书左右翻着玩。翻来翻去，觉得上了一个学期的课，这本书有几章，每章讲的是啥都不知道，也是挺遗憾。

既然已经对考试不抱啥希望了，那就干脆用这最后的几天，梳理一下整本书的脉络吧，也算有头有尾。

当时也不懂怎么梳理，就傻乎乎地抄目录，把每单元的标题写在了一张大白纸上，不知道为啥，写完感觉脑子清楚了一点儿。于是又把每单元下面每节的题目再抄上去，抄完脑子更清楚了。便一鼓作气，把每节内容的每个小标题，以及这个小标题下大致讲了哪几个点，工工整整地抄在了那张大白纸上，白纸被填满，心里感觉像有了个大地图，一些地点之间还能搭建起关联。

那时距离考试只剩三四天，大伙背得头昏脑涨，但也生生背完了一大半，而我手里就只有这一张大白纸，但我感觉我可以搏一搏。

时间有限，只能抓重点，那这么一本子厚书，到底哪里是重点呢？以前我不知道，但自从画出那张大白纸后，心里莫名有了感觉，便把自己想象成老师，按照那感觉去有侧重地看。

最后我的历史成绩是学年第一名。

2

那次以后，每当要备考历史，我都会给自己留出几天时间，拿出一张大白纸，抄目录，抄每小节的标题，在下面标注上这小节主要讲什么，争取做到让一本书在一张纸上就可以一目了然。

这种做法在当时有点儿格格不入，所有人都在狂背，只有我在那一点点地搞自己的工程。老师说我在"绣花"，同学也劝我不要耽误时间，然而结果是，每次我的历史成绩都会领先全学年。

这件事让我很早就明白了几个道理：

第一，当大多数人都如何如何的时候，并不意味着你也要怎样。

第二，当所有人都陷入了一种狂热，你要提醒自己冷静，给自己一个跳出来的机会，站在更高远的视角旁观。

第三，走在正确的道路上，慢也是快，走在错误的方向上，快也是慢。

高考前复习政治，坦诚讲这科目对当时我们来说真的挺难。理论倒好理解，但难在应用层面，尤其是选择题，四个选项跟四胞胎似的，看哪个都想选，一选就错，一错一大片。

当时老师叫我们搞题海战术，一天刷上百道选择题，做完就讲，讲完叫大家把错题整理在错题本上，可久而久之，发现错的地方总会一错再错，可谓出门就上当，当当都一样。

我也是这样吗？不，我一道题都没错过，因为我一道题都没做过。

每次有题发下来，我会认认真真读一遍题干，然后，直接去看标准答案，它说选哪个我就把哪个选项顺着题干读一遍。

长期这么顺下来，我形成了一种和出题人一样的思维习惯，高考政治选择题拿到了满分。

当时这么复习的时候有人说我懒，连动笔都不肯，可我发现，这世界上另有一种勤奋的懒惰，那就是抓过来就干，不给自己反省和思考问题本质的时间。

你问他为啥，他振振有词，说自己不能输在起跑线上。

是啊！不能输在起跑线上的人，连系鞋带都觉得是在浪费时间，开枪就跑，倒会领先个三五米远，但会输在终点。

3

很多生活经验都告诉我，越是面对重要且复杂的问题，越不能急，哪怕环境和别人再催你，你也要沉住气，给自己留一个上升到宏观层面看待事物的时间与空间。

一位刚刚进入职场不久的读者朋友问我，他要不要辞职。他就职于一家4A广告公司，接触的是核心业务，对这个行业也感兴趣，而且能学到很多东西，这些都是好的点。

然而让他起了辞职念头的原因，也很多面，比如薪水低，所在城市消费高，攒不下钱。比如工作压力有点儿大，上手项目感觉吃力，下班后的时间要拿来补课充电，没太多娱乐时间；比如经常被客户挑毛病，老板也常在他做错事的时候对他黑脸。比如他发现虽然公司规模很大实力很强，但晋升空间已经十分有限。

周旋于这些非常具体的问题，让他很困惑，走和留真的是两难。

我就直接问他："你想要啥？"

他好像很久都没考虑过这个问题，蒙了一会儿直白地跟我说："我想多赚一些钱。"

然后我们俩同时发现，把这个大问题想清楚，很多小问题都会迎刃而解。

很多事情都是如此，纠结于其中的原因要么是思考时站得不够高，要么是看得不够远。

4

就拿这位读者朋友的问题为例。

现在主要的大目标已经确定，那就是多赚钱。而多赚钱的最好方式，不是攒钱，不是简单重复地出售个人时间，而是让自己更值钱。

这家公司目前还能让他学到东西，而且平台够大，本质上讲这是一份可以让他增值的工作，那么暂时薪水低就不成为一项值得参考的问题。

至于感到有压力常被挑毛病，这是刚进入职场业务不熟练手生的原因，目光放长远一点儿这个阶段最多也就两年，那不妨就继续干两年，利用这个时间磨技能学本事，两年后能晋升固然好，晋升不了或对薪酬失望，完全可以跳槽。

但现在不能跳，现在跳来跳去还是会遇到同类问题，而且没本事，毫无市场价值，时间这么短也构不成履历表上的工作经验。但如果能咬咬牙，把这两年挺过去，哪怕最后离职了，但那时手上又有本事，4A的工作经历也蛮好看，说不定还能在公司内部发现一些机会或攒下一些人脉资源，那时可以去更好的平台发展，也可以去同等规模的公司谋求更高的职位，甚至可以将这两年的成败心得做个梳理，带新手，出售经验。那时的收入，注定会翻番。

你看，很多问题都是这样，站在宏观层面把问题本质想通之前，人会像无头苍蝇般乱撞，但想通之后就会有的放矢，不会被暂时的纷乱感受干扰视线，而是聚焦于目标方法与手段。

5

在很久以前，丛林里有一只兔子和一只乌龟，它们之前进行过一次赛跑，兔子由于轻敌，输掉了比赛。

而这一次，兔子再次和乌龟站到了同一起跑线。兔子吸取了过往的教训，并立志用这场比赛挽回尊严。

发令枪响，兔子一骑绝尘，而乌龟还在起点。

一天过去，兔子的位置已经接近半程，而乌龟的位置，仍然在起点。两天过去，兔子快要拼了老命，终点已经进入它的视线，心想这次总算要赢了。

结果到了终点才发现，乌龟正用这次比赛的奖金，为叫来的出租车买单。

越是不确定,越要沉住气

1

我在以前的文章中提到过我考研的经历,很多读者看到后就会向我咨询一些这方面的问题。

如今我们赶上一个逢入必考的时代,各种考试目不暇接,你读了很多年书,需要参加高考,毕业之后可能考研,可能考公务员,报考事业单位,即便是进企业,你也需要一段时间来备考笔试、面试,有竞争的地方就有筛选,竞争又无处不在,过了一关又一关,一山放过一山拦。

长时间来我发现个现象,无论是哪种考试,无论大家准备得如何,备考到了哪个阶段,来找我咨询时大家的问题大多数都聚焦在一点:韩大爷,我如果没考上,怎么办?

有这方面的担忧并不奇怪,很正常。因为所有的考试都有一个共同的特点:它需要你支付一定的时间成本去准备,在这段备考时期内,你基本上无暇考虑其他的事情,甚至还要不得已地放弃另外一条路上的机会。看着身边的小伙伴要么先你一步,拿到了自己想要的东西,再看看自己还在苦苦地刷题,心中难免有焦虑。

而另一方面,也是所有备考环节中最坑的地方,那就是,这永远是一个有风险的行为,是概率事件,在最后成绩单公布的前一秒，你永远不知道自己能不能考上，更何况现在大家都是以结果为导向，以成败论英雄，那个冰冷数字过线了，你全身而退，但凡差了一丁点儿，都不用别人说什么，你自己就会感到很崩溃。在这条路上，你再怎么心宽，也永远没办法忘掉一种可能：可能你所有的努力都会打水漂，所有的付出，都是白费。

2

今天我不讲什么成功的经验，我讲一下失败的教训。

大家都是凡人，对待残酷的现实都会有无力感，我跟大家一样，也经历过这个心里没底的阶段。

我本科期间学的是新闻学专业，报考的是人民大学新闻与传播专硕，我所在的院校不算名牌，只是普通的一本，而人大的这个专业连续多年排名全国第一，竞争的残酷程度和录取率只能用惨烈来形容。

而更大的考验是，人大的参考书是所有目标院校中最多的，核心书目加边缘书目林林总总不下二三十本，还都是学界牛人们的学术著作，许多名词看都看不懂，需要一点点啃，也有很多人到考试那天书都没背完。加之，我身边选择考研的同学并不多，大家一个个都找到了工作，我的家人也对我的选择不太支持，如果最后什么都没考上，局面是挺难收拾的。

最开始备考的前几个月，我状态蛮不错，按部就班，不疾不徐地完成着复习计划，一切都还算顺利。到了中期阶段，压力、迷茫、不安、焦虑按响了我的门铃,我当时想,很多人会栽在这里,一蹶不振,我不能犯这样低级的错误,调整下心态,磕磕绊绊中继续行进。

马云曾经说过,开始很残酷,明天更残酷,而绝大多数人都死在了明天晚上。一语成谶,我成了绝大多数人。

在临近考试一个月左右的时候,我的心理防线彻底崩塌,专业课的书虽然已经看完,但还不能完全达到融会贯通的程度;政治复习得很好,也是我的强项,但又听人说这科根本拉不开分;英语最惨,本身就是弱势科目,又不爱学,进考场前单词储备估计只够四级考试用的。

考试前半个月,一位朋友问我状态怎么样,我一脸颓唐:完了,还是不行,走个流程干脆把它混过去就算了。就这样,我基本上是用滑落的姿态耗光了最后的备考时间。

考试第一天的第一个科目是政治,我紧张得要死,每个题干反复读好几遍都不敢下笔,其实并不难,但自乱阵脚的我,分数低得可怜,本身的优势学科在成绩单上变成了短板。

接下来的两门专业课,心态放松很多,因为通过第一天的考试我发现,貌似没有想象中那么难,心稳了手就稳了,最后专业课拿到了很高的分数,但走出考场后跟大伙聊天时才发现,有道十分的题我忘写在了答题纸上,算是个小遗憾。

最后一门英语,进考场前我想,估计死就死在这科上了,结果卷子发下来一看,自己都觉得很简单,都不用前期如何如何,但凡考前最后半个月我不浪费，磨磨枪，完全可以拿到高分的，结果看着卷子有劲儿使不上，一边叹气一边答完。

最终榜单公布的时候，我愣在屏幕前足足一分钟，耳朵里只能听到身边的亲人和朋友们的感叹：啊呀，就差那么一点儿，就差那么一点儿。

虽然我还是过了国家线，也成功调剂到了另一所高校，但那段却像刀子一样刻在我的心里，本身倒没严重，但那是我第一次因为实力之外的其他因素输掉的对决，后悔又不甘。

那个时候我告诉自己：但凡你在不确定的时光里，心里没底，沉不住气，夸大困难，低估自己，你在人生的无数次考试中，会一直听见这样的声音：啊呀，就差那么一点儿。

3

相信大家都或多或少地关注过载人航天，这完全可以算是高风险的活动了，宇航员要接受重重考验，所有程序流程都不能有丝毫差池，但凡出现失误，支付的可不仅是时间成本，还有生命。

而在整个航天任务的执行过程中，最危险的时点恰恰是在飞船的返回阶段。刨除调整飞行参数，找准返回地面的"再入角"，抵抗大气层摩擦高温等复杂工作外，最让人头痛的，是在飞船下落过程中，要经历一个黑障区，大约出现在距离地球上空35千米到80千米的区间里。

在经过"黑障区"时，飞行器与地面指控中心的通信联络基本上是中断的，在这黑暗的几分钟内，宇航员所面对的一切都要自己一个人去经历，没有人知道是否发生了意外，所有人的心里都没底，连宇航员自己也不知道能不能活着回家，他所能控制的仅仅是手头的工作，然后把一切交给地心引力。

这像极了我们的人生，青年时是谜面，中老年时是谜底，在无数次的考验面前，在一个又一个的答案揭晓之前，你永远不知道结果会怎样，到底云彩下面有没有雨。你要一直在不确定的情况下走一步，再走一步，你无论做什么，都会经历一段漂泊不定的"黑障区"。

重点是什么？重点不是对未来的猜疑，一切的想象与焦虑都是徒劳，谁也不能保证你飞起来之后就能百分百地平稳落地。

重点是，你要用怎样的心态，用什么样的姿态，用怎样有序的行动、沉着的勇气、坚韧的毅力和雷打不动的自信，去迎接挑战，去直面质疑，去尽人事而听天命，两眼一闭就是拼，冲出这考验人心智与意志品质的"黑障区"。

你在备考的时候，总会进入那么一段时间，你不知道结果如何，分数高低。

你在爬坡的时候，总会进入那么一段时间，你不知道这个坡上去之后，下边是什么样的景色在等你。

你在写文章的时候，总会进入那么一段时间，你不知道你到底写到哪天才能有编辑来找你出书，不知写到什么程度才能让读者满意。

你在做任何事情时，总会进入那么一段时间，明天永远是明天,在未来到来之前,你永远不知道今天做的事是否有意义。

以上的种种,都让人头痛,让你觉得坑爹得要命,但你要永远记住一点:不是你一个人在经历这些,所有的一切,是针对地球上每个人的过程设定。

我们都会过上一段不确定的日子,我们都要走进一段未知旅程,有的人付出一半时就会自我猜疑,越猜疑,越危险,这是一场博弈,两个人同时拿枪指着对方,第一个缴械的,可千万别是你。

有的人但行好事,不问前程,可以保证的是,这样的人在黑障区就会甩掉很多竞争对手,只等质变发生的节点来临。

当你的名字在网页上的状态显示着"已录取",当山下的景色原来别有一番美丽,当你心爱的人说出一句"我愿意",当消息弹出"大作即将出版,恭喜"。当合作伙伴看到你的无限商机,当你发现未来远没有那么遥远,你踏实努力,它竟然会在你身后追着你,那时,相信你也会有这样的感悟:越是不确定,越要沉住气,因为在那段黑暗无光的岁月里,恰是你野蛮生长的蓄势期。

这世界上最有力的一句话不是"我赢了,我最无敌"!

而是"我不怕,咱们继续"。

愿你撩拨得起热闹，也安放得下清净

1

最近几次与父母通话，总是夹杂着心疼与感激。心疼的地方在于，他们目前都面临着一个"幸福的负担"，对此我却爱莫能助，略感无力。

父母都是农民，辛辛苦苦折腾了大半辈子，日子总算一点点好起来，如今吃喝不愁了，却撞见一个新矛盾：无聊——更准确地形容，可以说是一种舒适的麻木和沉默的压抑。

未曾深入了解的话，我们可能以为这算无病呻吟——毕竟温饱都不愁了嘛，还不幸福得像花一样？

可事情哪有那么简单：我的父母与大多数人差不多，一生如船过海，一路波涛难定。青年甚至与中年阶段都在求生和情感领域里周旋，时时要承受生命必经的不确定性。本以为这些事了了，一切都到头了，哪知刺斜里杀出两位劲敌——一个叫面对自己，另一个叫内心的平和与安宁。

比如，他们现在无法独处，我时常会给他们打电话，身边也有老友三五成群，可总会散去，散去之后，手脚都觉得无处安放，无事可做可思量，只剩叹息。

比如，多年的奔波与无常让他们丧失最基本的安全感，哪怕环境好了，也总会焦灼，总以为更总怕哪里会出什么差错和问题。

比如，总会无端生发出一种匮乏感，一种精神上的匮乏感，本寄希望于手机，不料治标不治本，还会觉得空虚，且副作用是不能停。

母亲感慨："可真是没有吃不了的苦，倒有享不了的福哈。"

我打趣道："这也算不能承受的生命之轻。"

2

不光是父母一辈，我身边的年轻朋友中，也遇见过这类问题。毕竟即便是在长风万里的年纪，生活里也不可能只有"赚钱赚钱赚钱"和"爱你爱你爱你"。

还剩什么呢？还有独处，还有你自己。

我发现我们这个时代的人，处置不好安静。

安静不是宅，安静不给配手机，安静是当万籁俱寂，四下无人，或只身行路，抑或是做人群中的逆行者时，你如何面对自我，你的内心。

有一本研究印第安人的人类学书籍叫作《寻找莱拉》，书中将印第安文化与美国传承的欧洲的文化进行过对比，并提出，两种文化最突出的特点之一是，印第安人崇尚安静。

作者发现，印第安人可以坐在一起，比如围坐在篝火旁，一坐就是两三个小时。且不说话，一句话都不说，只是坐在那里，微笑，内省，享受美好的时光，就这样让时间一点点过去。

然而这种沉寂放在我们这里，只会让人感到不适。哪怕是假期，无任何琐事叨扰，你让一个人坐在那里两三小时试试？恐怕前半小时想看微信，后半个小时想刷抖音。

手机上交后，再来半个小时，立马感到灵魂深处痛痒难当，抢过手机来赶忙发条动态：冥想了一个上午，我战胜了我自己！是的，如果没有朋友圈的话，相信很多旅游达人都不会选择去旅行。

巴黎和浪漫的土耳其，如果不准拍照给别人看的话，还有什么意义？

但我们在送人出门游玩时只会说：enjoy yourself. 享受你自己。跟别人可没关系。

3

常有人说，孤独，是最好的增值期。其实孤独，也是生命成色的测试剂。

浪花激越时看不出什么，待到大海消音，点一滴孤独进去，立马便能知道它到底是自我净化能力极强的大海，还是一条但凡安静下来，便要干涸入骨髓的小溪。

内心丰富的人，字典里只有"独处"一说，却无"孤独"二字，因为他们的灵魂像海绵，汲取着精神的海水，总能达到丰盈。

刚刚提到与父母通话后，除了心疼，还有感激，原因就在这里。

父母虽然是农民，却在生命最初始的阶段便告诫我：快乐与快乐都是有区别的，悲伤其实也层次分明，读书，学习，走向更开阔的天地，哪怕不能给你金屋美女，但起码能让你成为一个不只能享受到表层体验的人，他们知道，这世界上的感受远没有"喜怒哀乐"四个字那么单一。

如今将我托举出来，自己却深陷泥潭的他们，偶尔也望向我的生活，时常也纳闷：你平时空闲的工夫貌似不比我们少，你靠什么打发时间呀？你怎么就能承受得起安静呢？

每当这时，我都欲言又止。我知道我的一些喜悦注定无法与他们分享。

偶尔说过几次，比如："妈，我昨天听了首曲子，听得我二十分钟头皮麻了四次。"分享给她，她用力地捕捉，只回了一句"挺好听"。

再比如："爸，您现在会用手机了，也安装了视频软件，实在觉着没意思，可以看一些好电影。"父亲也很看重我的建议，但比看重更现实的是，他真的看不进去。

所以我的感激底色是哀伤的，我感谢他们的爱，但正是他们的爱让他们把我打开，却在该把自己打开的年纪，被生活拖住，没来得及。

4

诚然，身上挂着多少感受器这码事，没啥可骄傲的，也不是说读两本书听几首交响乐就比刷朋友圈高级。但起码从我与父母的生命体验那里做一番比较,哪怕无关优越感,但足以构成浓厚的惋惜。

如果在我自己身上纵向地分析,便只有庆幸。这番庆幸更让我坚定了一个信念:哪怕全世界都说读书无用,我也要让我的孩子去阅读,去听音乐,去培养自我意识,去思考一些他人觉得矫情,也确实看不出什么用处的生命课题。

当他哪怕是和许多年轻人一样,北漂,被地铁里的人挤压成手里的煎饼,但整个人仍是整个的——耐得住寂寞,不怎么焦虑,满脸不会写着"怕得不到",只会带着沉静的微笑,有定力地活着,安安稳稳地做事情。

当他可以连坐四个小时的车都不必依靠手机,脑子里有东西可琢磨;且在过程中,目光扫视着屁股上长着图钉的人群,他们在昨日已去明日未来的当日,仍燥得像热锅上的蚂蚁。每个人都在拼命地向世界喊着什么,可由于喊的都是自己,所以所有人在喊,却没有人在听。

当他看到一位姑娘,安静地坐在那里,耳边挂着耳机,眉头舒展,呼吸深深有频率,如他一般观望着大伙,花火之间,目光交汇至一起。那时草在结它的种子,风在摇它的叶子,那个男孩会忽然欣喜地发现,父母给他留下了最好的东西。

纵使孤灯挑尽，切莫放纵自弃

1

小时候住的是土房，房子里有一套让我至今都难忘的家具。那套家具既不昂贵，也不特殊，只是一种普通得不能再普通的连体柜。大得很，铺满整面墙，下面是木质的柜台和储物空间，上面是橱窗，全是玻璃。

之所以能记得这么瓷实，得力于母亲。她太爱干净了，尤其是上方的玻璃橱窗，总是被她擦得透亮，甚至都找不到什么指纹的痕迹。

记得小时候，橱窗里乱而有序地陈列着各种各样的物件，琳琅满目，丰富且神秘。

可能是人越长大视力也就越好了吧，我渐渐发现，那些根本就不是什么宝贝——过时的镜子，用空了的化妆品瓶，破旧的相册，每一样东西低微的价格，我心里都门儿清。

所以，自那以后，每当母亲定期将橱窗里的"宝贝"拿出来挨个擦拭，我都会不讲情面地戳穿一番：有什么可擦的？又不是啥好东西。

母亲总是笑而不语。此消彼长，我的攻势也越发猛烈，且有扩大的倾向。

每见母亲又开始擦那块几步就能踏遍的水泥地，我便说："破土房有啥好打扫的？住砖房的人家也没像咱们这么爱干净。"

家在农村，小学和中学都在村里读，周围的孩子们都对卫生问题不怎么在意。但那段日子里母亲要求我三天洗一次头，衣服变着花样地换，可以破旧，但不能不干净。

我的牢骚又盛了："穷讲究什么啊？衣服在这种环境里左右脏得快，别人都不换咱们换什么。"

母亲也不多言，只会说："除非你想永远在这里。"

2

初中二年级，学校组织了一次学科竞赛。我成绩向来不错，前几科发挥得也蛮好，剩下一科语文还是我的强项，不出意外的话应该能拿第一名。

出意外了。答到作文题时，一看要求，并不是自己特别擅长的话题。那时多少有点儿叛逆，兼具着一点儿文艺青年的傲娇，心想这种题目我不占优势，写出来若是没拿最高分还挺跌份的，那就干脆弃权，一个字都不写。不写就不会丢脸了嘛，说不定同学们还会觉得我神秘……

那是我第一次作文交白卷，那是我第一次见母亲哭得梨花带雨。

哭得我有点儿瘆得慌，因为印象中她素来坚毅得很，父亲哭她都不会哭，我考第十几名她也未曾哭，更何况那次我在没写作文的前提下拿了第四名，有啥好哭的。

那是我第一次真的见识了什么叫哭得伤心。眼泪止不住，问怎么了她自己都说不清，一直哭一直哭，哭得我多年后还记得那个场景。

后来我忍不住问她："到底怎么回事啊？您是觉得我成绩下降了？还是我没有坚持到底？或者觉得我不乖了？还是说，突然质疑起我的能力？"

她一一否认，含糊地回答："妈也不知怎么了，就是看着那卷子上的大片空白，心里难受得很。妈从没特别在意过你成绩如何，也没指望过你将来大富大贵，但妈一看到那片空白，比你考倒数第一名都难受，妈总觉得：你是在糟践东西，你是在浪费自己，你自轻自贱，比做乞丐都让人失望寒心。"

母亲的话，既不具体，亦不漂亮，甚至我很长时间都归纳不清楚背后的深意；但多年以来，就是这句话常能让我猛醒，进而无论境遇如何，都不能不做点儿事情。

3

同样是受母亲的影响吧，我发现我越来越喜欢见到某类场景。

比如，当我看篮球比赛，看到一方大比分落后，结果早已失去悬念，赛事也进入了"垃圾时间"，双方全替补上阵。但这时，落后的一方还在认真打，一个球一个球地磨，人家也不是指望着力挽狂澜，或是借此展现精神面貌啥的，就是借机会练练兵。但我一看到这种，就特别高兴。

比如，又看到某位球员，明明自己的队已经落后十几分了，还不慌阵脚。球出界的时候搏命般飞身扑救，力争让球打到对方身上再出界，这样就能给自己的队整回一次球权。那么这次搏命一争最多能换来多少分呢？也就两三分……但我一看到有球员这么救，就特别舒心。

比如，某届田径世锦赛上，上演4x100米接力的决赛。某个国家的运动员，在短跑爆发力甚至基因上都是一大片短板，正常发挥也就七八名。但在这种情况下，四个小伙子把接棒细节磨至化境，力争把交接的时长计算精确到毫秒，最终使得成绩上升到第六。其实这算来算去，也就前进了一名呗，但不知怎的，一看到这种状况，就由衷生发起尊敬。

比如，在电影《长江七号》里，周星驰扮演的穷父亲和孩子相依为命。小姑娘坐在蟑螂寄居的桌台前，拿起一个烂苹果刚要啃，父亲抢过来，将坏掉的部分割掉，然后提醒一句"水果，要饭后吃"。听他把烂苹果叫成水果，且告诉吃了上顿没下顿的孩子水果要饭后吃时，泪水就模糊了我的眼睛。

后来在现实生活中也遇见了一位姑娘，她家境不好，高二没读完就被家里赶出来打工，小小年纪吃苦无数，但打了一年工，自己养活自己后，又重新回到学校，继续读高三，就这样还考上了重点大学。她吃饭时会把碗里的饭粒都吃干净，一碗泡面也要精心烹饪，抹布也会叠得四方整齐，就如上面的那些人一样，虽然没做什么苦大仇深的努力，但自有一股劲头，令人钦佩得紧。

直到攻读研究生期间，我的导师用一句话概括了这种感觉，那是她临毕业时给我们的赠言：孩子们，不论你们将来做哪种事业，或临逢怎样的人生境地，都请时刻牢记这八个字：尽物之性，尽人之性。

4

张爱玲有句名言：人生是一袭华丽的长袍，上面布满了虱子。

但我更喜欢这样的人：他们在看清了这种真相之后，并未停留于俏皮的结论。反倒是忙里偷闲，逮住趁余力尚存的空当，将小虱子一个一个掸走，纵使长袍破了洞，起码也力所能及地让它干净。纵使哪天命运要暂时收走这件长袍，上交的时候还会提醒命运：记得还啊，不要水洗。

也正是基于此，一次某位读者朋友向我日常抱怨说，今天状态不怎么样，都靠到傍晚了也没做啥正经事，注定算糟透了的一日，干脆聊完就昏睡过去。我对他说，坚持不是从未放松或放弃，而是现在还在做。从来没有垃圾时间，如果把所谓的垃圾时间都当垃圾来处理，也许就真成了垃圾。

试试在长跑中前四千米都落后在最后一名且追赶无望的前提下，认认真真跑完最后一千米，你会发现，你特别开心。

在任何状况下决不自贱自弃，在狭小的空间内闪转腾挪，四肢受限的状态下点滴起舞，用有数的琴键弹出无限的乐音，人会在这个过程中收获特别具体的充实与自信。

《中庸》里有四个字，叫作参天尽物。你顺着杠杆看去，那撬动天地的力量，也许就是发轫在你眼前的一步一米，你的一事一物，你的指巅毫厘。

于有涯之处尽性，才能在无涯之生里尽兴。